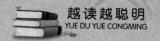

从《海底两万里》走向 神秘的海洋

王左 编著

研究出版社

图书在版编目（CIP）数据

从《海底两万里》走向神秘的海洋 / 王左编著.
— 北京：研究出版社，2013.3（2021.8重印）
（越读越聪明）
ISBN 978-7-80168-770-8

Ⅰ.①从…
Ⅱ.①王…
Ⅲ.①海洋—青年读物 ②海洋—少年读物
Ⅳ.①P72-49

中国版本图书馆CIP数据核字（2013）第042119号

责任编辑：之　眉　　**责任校对：**陈侠仁

出版发行：研究出版社
　　　　　地　址：北京1723信箱（100017）
　　　　　电　话：010-63097512（总编室）　010-64042001（发行部）
　　　　　网址：www.yjcbs.com　E-mail: yjcbsfxb@126.com

经　　销：新华书店
印　　刷：北京一鑫印务有限公司
版　　次：2013年5月第1版　2021年8月第2次印刷
规　　格：710毫米×990毫米　1/16
印　　张：14
字　　数：180千字
书　　号：ISBN 978-7-80168-770-8
定　　价：38.00 元

前 言

CONTENTS

《海底两万里》是法国举世闻名的科幻小说家儒勒·凡尔纳的代表作之一，主要讲述了法国生物学家阿龙纳斯的海洋奇遇：

1866年，海上突然出现了一个巨大无比的海怪，经常撞毁海上的船只。政府为了消灭海怪，组建了一支追捕队，还特别邀请了阿龙纳斯教授一同前行。然而这支追捕队非但未能驱逐怪物，在与怪物的对抗中，阿龙纳斯教授、他的仆人康赛尔以及加拿大捕鲸手尼德·兰还不幸落水，反而被怪物所俘获。原来，所谓的怪物竟是一艘当时尚无人知晓的潜水艇——鹦鹉螺号。阿龙纳斯一行由此结识了艇长尼摩，并跟随鹦鹉螺号开始了一段奇妙的海洋之旅。他们从太平洋出发，经过珊瑚岛、印度洋、红海、地中海，进入大西洋，饱览了海底变化无穷的奇异景观和各类生物，参与海底狩猎、参观海底森林、探访海底亚特兰蒂斯废墟、打捞西班牙沉船的财宝、目睹珊瑚王国的葬礼，又经历了搁浅、土著围攻、同鲨鱼搏斗、冰山封路、章鱼袭击等许多险情。最后，当鹦鹉螺号到达挪威海岸时，阿龙纳斯一行不辞而别，并把自己所知道的海底秘密公布于世。

《海底两万里》创作于1869～1870年，凡尔纳在当时海洋研究的基础上，充分发挥自己超乎寻常的想象力和预见力，为我们构筑了一个神奇的海洋世界。书中不仅有生动的故事，还涉及许多海洋知识，读者可以从中学习到有关海洋生物、气象、地理等方面的许多知识。然而小说毕竟是小说，对科学知识的解释不可能很详尽，而且这部小说距今已经一百四十多年了，期间科技迅速发展，对海洋的研究也有了翻天覆地的变化。另外，小说中的有些内容是作者的想象，现实生活中不一定存在。基于此，我们编纂了本书，作为《海底两万里》的辅助性科普读本，为读者展示一个更真实、更广阔、更与时俱进的海洋世界。

本书以《海底两万里》为依托，分为七章：乘坐"鹦鹉螺号"环游海洋世界，"艇长"和"教授"关于大海的探讨和研究，和"阿龙纳斯教授"一起观看海洋生物，跟随"尼摩艇长"探寻海洋神秘地带，"尼摩艇长"告诉你：海洋世界并不安全，看"尼摩艇长"如何利用海洋资源，跟随"鹦鹉螺号"窥探大海深处。由现象到本质，由浅入深，或解释原著中所写的海洋现象，或对原著内容进行拓展延伸，或对原著未涉及的最新海洋科学进行补充说明，语言通俗生动，让小读者轻松领略海洋的魅力——海洋世界浪漫迷人，有美丽的海底森林、珊瑚王国，还有丰富的能源宝藏……海洋世界神秘莫测，有从未见过的海洋生物，有失踪案频发的百慕大三角，还有翻滚白色波涛的乳海……海洋世界险象环生，有凶猛的大白鲨，有海上"屠夫"虎鲸，有无休止的地震和火山，还有能杀人的南极风……阅读本书，跟随《海底两万里》的脚步，开始一场精彩的海洋之旅。

如果你还没有读过《海底两万里》，这将是一本很好的引导书；如果你正在读《海底两万里》，这又是一本很好的辅助书；如果你已经读过《海底两万里》，这还是一本极好的总结书和拓展书。走进本书，走进更加斑斓广阔的海洋世界。

目 录

CONTENTS

第一章　乘坐"鹦鹉螺号"环游海洋世界

第三章　和"阿龙纳斯教授"一起观看海洋生物

第四章　跟随"尼摩艇长"探寻海洋神秘地带

第五章 "尼摩艇长"告诉你：海洋世界并不安全

第六章　看"尼摩艇长"如何利用海洋资源

第七章　跟随"鹦鹉螺号"窥探大海深处

第一章
乘坐"鹦鹉螺号"环游海洋世界

日本海寻怪

《海底两万里》一开篇便讲述了一个海洋怪物：它"体积不知比鲸鱼大多少，行动速度也大大超过鲸鱼"，更要命的是，它还造成了多起海难。生物学家阿龙纳斯认为是一种巨型独角鲸。"独角鲸"搅得人心惶惶，美国政府组织了一个远征队：由法拉格特为舰长，驾驶林肯号驱逐舰，阿龙纳斯及其仆人康塞尔、捕鲸手尼德·兰在受邀之列。林肯号从美国东海岸出发，绕过美洲最南端的合恩角，驶入太平洋，来到了日本海。

太平洋天然"屏障"

地球上互相连通的广阔水域构成了统一的海洋。不过，细致地讲，"海"和"洋"是有区别的，"海"通常一面紧靠陆地，另一面连接洋的边缘，或以半岛、岛屿或岛弧与大洋分隔，水流交换通畅，水深在2000米以内；而"洋"是海洋的主体部分，比"海"要大得多。其面积占到了海洋总面积的90.3%，一般远离大陆，深度大于2000米。

"海"比"洋"更靠近陆地也使它成了洋的第一道天然"屏障"。陆地上所有想要入侵海洋中心的"不法分子"——温度、淡水、杂质等，都会被"海"这道屏障拦截住。正因为如此，海的"身体"状况非常不稳定：陆地气候炎热时，海水的温度就会升高，反之则降低；在多雨的季节，各种渠道的水流从陆地相继涌入大海，海水盐度因此大大降低；雨水汇集水流常携带泥沙以及生活垃圾一同入海，使海水变得浑浊不清。

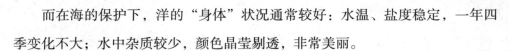

　　而在海的保护下，洋的"身体"状况通常较好：水温、盐度稳定，一年四季变化不大；水中杂质较少，颜色晶莹剔透，非常美丽。

　　在浩瀚的北太平洋西缘，正好有这么一处天然"屏障"——被呈弧形的日本列岛与太平洋分隔开的日本海，西部为面积广袤的东亚大陆，东部为辽阔的北太平洋。在日本列岛的两翼，分布着三大"护卫"——朝鲜海峡、津轻海峡与宗谷海峡，紧紧地封锁住日本海。如此看来，日本海不但保护着太平洋的"身体健康"，而且"紧守"着通往太平洋的战略要道。

洋流"捕"鱼

　　说起日本海，就必然提到那里发达的渔业。在这片海域上，不仅海洋生物数量繁多，而且种类多样，仅鱼类就达600多种，如贵重的太平洋沙丁鱼、鲱鱼、比目鱼、鳕等。另外，这里还生活着一大群海洋哺乳动物，有白鲸、抹香鲸、蓝鲸……那么，日本海为何能够吸引如此多的海洋"居民"聚集在这里呢？

　　这得从这里"路过"洋流说起，洋流又称海流——海水沿一定途径的大规模流动。由于所处的地理位置不同，每片海域的洋流情况都各有不同，有的完全处在暖流的环绕之中；有的被寒流一分为二；而日本海正处于一种更为特别的环绕中——冷暖流交汇处，即对马暖流（日本暖流的分支）和里曼寒流的交汇处。暖流沿着日本海东岸北上，寒流沿着西岸南下。在两者的交汇处，由于冷水密度较大，会下沉，暖水密度较小，则会上升，海水因此发生上下"搅动"。在"搅动"的作用下，海底的营养盐类上浮，使海水表面的浮游生物大量繁殖，为鱼类提供丰富的食物，从而引来更多的海洋生

日本海夏秋季节有台风，图为台风"鸣蝉"的卫星云图。

物。

　　另外，洋流运动时，也会将其他海域的一些海洋生物带到日本海海域，如寒流带来冷水性生物，暖流带来暖水性生物，使这片海域的海洋生物种类更加丰富。更妙的是，这两支环绕日本海的洋流，在水中形成天然的"围墙"，可以防止海洋生物"逃出"这片海域。鉴于此，日本海域的北部和东南部都是富饶的渔场。

冷暖"不容"灾难生

　　日本海域的一冷一热两大洋流，为沿岸国家带来了丰富的水产品以及丰厚的水产收入。可是，同时它们也给人们制造了不少麻烦，如暴雪天气、异常高温天气，以及可能引发事故的海雾、气旋。其中海雾、气旋是这片冷暖交替海域的"常客"。

　　分布在日本海不同方向的对马暖流和里曼寒流，使得这片海域的两侧的温度差异极大。在每年6—7月海风强烈的季节，处在东岸的暖流上空的湿暖空气，便会随风飘向寒流冰冷区的上空。遇冷后，暖湿空气中的水气便会凝结成细微的水滴悬浮于空中，形成海雾，使海域周围的能见度下降，从而引发各种事故。

　　然而，在无风的时候，这对冷暖流便会制造出超级"大"风——在这片海域上，每年都会出现一些直径达200千米以上的气旋。冷暖流上空的"冷气团"和"热气团"温度相差较大，由于气压不同，便会产生激烈的对流，最终形成极具破坏力的气旋。

太平洋遇"独角鲸"

> 林肯号走遍了太平洋的北部海域，却找不到"独角鲸"，正当法拉格特舰长准备下令返航时，"独角鲸"再次出现了。林肯号全力追捕"独角鲸"，而"独角鲸"却玩起了捉迷藏。经过一天一夜的周旋，到第二天晚上，双方形成对峙。当林肯号向"独角鲸"发起进攻时，"独角鲸"却突然熄灭电光，向林肯号喷射大水，使林肯号遭遇了灭顶之灾。阿龙纳斯、康塞尔及尼德·兰掉进了太平洋中。

最大，最深，岛屿最多

太平洋位于亚洲、大洋洲、南极洲和南、北美洲之间，南北长约15900千米，东西最大宽度约19900千米，总轮廓近似圆形。它的面积为17968万平方千米，占世界海洋总面积的49.8%，占地球总面积的35%。太平洋在地球上四大洋中更享有"三最"大洋的美誉——最大、最深及拥有最多的岛屿。

太平洋是跨纬度最大的大洋，从南极大陆海岸延伸至白令海峡，跨越纬度135°，面积是第二大洋——大西洋面积的2倍，水容量是其2倍以上，更是超过包括南极洲在内的地球陆地面积的总和。

太平洋的平均深度为4028米，2000米以下的深海盆地约占总面积的87%，目前世界已知海洋最深点——马里亚纳海沟，位于太平洋水域，深达11034米。

太平洋岛屿众多，约有岛屿1万多个，总面积440多万平方千米，约占世界岛屿总面积的45%。大陆岛主要分布在西部，如日本群岛、加里曼丹岛、新几内亚岛等；中部有很多星散般的海洋岛屿（火山岛、珊瑚岛等）。太平洋北部巨大的海盆中部深水区由这些岛屿分隔成了四大区域：东北太平洋海盆、西南太平洋海盆、西北太平洋海盆和中太平洋海盆。行经这里的船只更是将这些岛屿当成了天然"地标"。

"狂躁"的一面

说起广阔的太平洋，有着太多的故事。1521年，葡萄牙探险家麦哲伦在太平洋航行时，适逢海面宜人的东南信风，因此将其命名为"太平洋"。可如今我们知道，它并不总是"太平"的，它也有"狂躁"的一面。

我们在地球板块图上看到，太平洋是唯一独占一块完整板块——太平洋板块的海洋。然而，这一特殊"待遇"并没有为它带来多少好处。在地壳运动中，太平洋板块不断与周围的板块发生"冲突"。而每一次的冲突，都会在洋底产生一场翻天覆地的"运动"——地震、火山爆发接踵而来，因为这些冲突都是发生在太平洋边缘，所以人们将其称为"环太平洋地震带"。

这个地震带围绕着太平洋形成了一个巨大的环，从北美洲太平洋东岸向南，到达南美洲，然后从智利转向西，穿过太平洋抵达大洋洲，在新西兰东部海域折向北，再经印度尼西亚、菲律宾，中国台湾地区、日本列岛，回到美国的阿拉斯加，整整环绕太平洋一周。

"环太平洋地震带"聚集了全球近85%的活火山和80%的地震。其中，尤以太平洋东岸的美洲科迪勒拉山系和太平洋西缘的花彩状群岛火山活动最剧烈，活火山多达370多座，因此，素有"太平洋火圈"之称。在那里，还时常伴随由地震引发的强大海啸。

托雷斯海峡遭触礁

阿龙纳斯、康塞尔及捕鲸手尼德·兰三人落水后，惊奇地发现"独角鲸"竟然是一艘巨大的钢制潜水艇——鹦鹉螺号潜水艇，三人随后被囚禁在潜水艇中，并结识了艇长尼摩。鹦鹉螺号在太平洋巡游一圈后，尼摩决定经由暗礁遍布的托雷斯海峡前往印度洋，不料，鹦鹉螺号触礁搁浅，要等到再次涨潮才能回到海上，于是阿龙纳斯一行三人划着小艇上岛休息，却遭到了土著人的袭击。

危险暗礁

托雷斯海峡位于澳大利亚与新几内亚岛之间，东接珊瑚海，西通阿拉弗拉海。它是东南亚和印度洋地区与澳大利亚、新西兰和南太平洋诸岛间海上联系的重要航道。

托雷斯海峡和阿拉弗拉海是一片宽阔的大陆架，长1120千米，宽560千米，在两三万年以前还是陆地。第三纪末，由于新构造运动，新几内亚岛中部巨大的雪山山脉和马勒山脉逐渐隆起，托雷斯海峡地区相对陷落，海水浸没而成海峡，才使新几内亚岛与澳大利亚分隔开来。海峡南浅北深，平均水深50米，最浅处仅14米。

托雷斯海峡之所以被认为是很危险的地带，是由于有众多的暗礁，这些暗礁来自那美丽的珊瑚岛。珊瑚的繁殖与海水的温度、光线条件是分不开的，因为珊瑚虫在25℃~30℃、含盐量和透明度较高、水下光线充足的海水中才能生长。而托雷斯海峡及其东部的珊瑚海，正具备珊瑚发育的良好环境，因此，一代又一代的珊瑚虫在这里生长、繁殖和死亡，一代群体附在前一代珊瑚虫的坚硬骨质（石灰岩礁）遗骸上，一层层地加厚加高，便形成了一道道环状的堤礁。

这里到处遍布着珊瑚岛礁，构成了北起新几内亚岛的弗莱河口，向东南沿澳大利亚海岸一直延伸到南纬20°的弗雷塞岛附近，全长约2400千米，面积约8万平方千米的世界上最长的大堡礁带。

托雷斯海峡的珊瑚岛礁，虽然对海岸有一定的防波作用，但对船舶航行，却是一个危险的地带。所有经过托雷斯海峡的船只，为了绕过暗礁、浅滩，不得不沿着几条弯曲而危险的狭窄水道迂回前进。

巫术充满生活

鹦鹉螺号在托雷斯海峡地区这个危险地带触礁了，阿龙纳斯一行三人征得了艇长尼摩的同意，划着小艇上岛休息。陆地上的食物给了他们极大的诱惑，于是，他们在岛上采摘果实、捕猎飞禽走兽，大吃特吃起来，这激怒了岛上的土著人，他们遭到了土著人的追捕。

与世界其他的地区的土著人相比，托雷斯海峡地区的土著人有着他们的与众不同之处。托雷斯海峡地区的土著人属于澳大利亚人种，澳洲原住民是世界上最古老的民族之一，同时，他们也拥有世界上最古老的宗教文化。澳洲独特的地理环境孕育了独特的原住民宗教和文化。同世界上其他宗教相似，土著人的宗教相信神创世纪。但不同的是，他们的宗教不相信神派遣先知，更没有宗教典籍。

相比这些，他们更崇拜图腾，信仰巫术。尽管这些图腾和巫术在人们眼中是神秘和危险的，但却构成了澳大利亚多文化社会中饶有特色的一部分。

在托雷斯岛民的社会生存过程中，巫术总是起着催化作用。而由于被海洋所包围的独特地理位置，想象中，他们的图腾应该会与陆地上原住民的图腾有

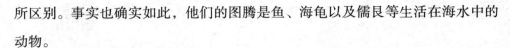

所区别。事实也确实如此，他们的图腾是鱼、海龟以及儒艮等生活在海水中的动物。

这些动物的塑像成了托雷斯岛民青睐有加的幸运符（最重要的图腾），每当他们出海捕鱼，都不会忘记带上这些"吉祥物"，因为它们可以引诱真正的海中动物主动上钩。例如，托雷斯海峡海岛岛民捕捉儒艮的传统方式是：他们会非常精心地装饰其"诱饵"（即吉祥物）——让死儒艮惟妙惟肖地在水中游起来，以此诱使活儒艮靠近，捕猎者划着独木舟向儒艮接近，魔法师兼巫医则拿着一把鱼叉在角落处根据不同的要求施展法术，诱捕儒艮。

因而，托雷斯海峡地区的艺术传统与图腾和巫术有着密不可分的关系。目前，已发现旧石器时代各种动物图腾图案的石头、面具和雕像。同时，与图腾、巫术密不可分的还有他们的神话、绘画艺术、仪式典礼等。

驶入印度洋

在托雷斯海峡搁浅五天后，正如尼摩艇长所预料，鹦鹉螺号被涨起的海潮从珊瑚石床上托起，驶离了托雷斯海峡，进入了印度洋。在印度洋的斯里兰卡附近，尼摩邀请阿龙纳斯他们到海底参观采珠场。这里盛产珍珠，最大的价值可达二百万美元。阿龙纳斯兴趣盎然地观看印度人在海底采珠，艇长赠给他一袋珍珠。

世界"狂风区"

印度洋因位于印度半岛而得名，大部分位于南纬40°以北的广大热带和亚热带海域，全年平均气温为15℃~28℃，处于赤道地带全年平均气温为28℃，有的海域高达30℃，因此，又被人们称为"热带海洋"。由于水温较高，印度洋海域经常有热带气旋产生，尤其是赤道以北的印度洋海域（简称北印度洋），更有世界"狂风区"之称。其实，冬季北印度洋的风还是相对温和的，但是一到了夏季，风就变得"狂暴"起来，这究竟是什么原因呢？

原来，夏季北印度洋沿岸地区，主要是亚洲南部地区，增温强烈，形成了高温低压区。而此时南半球为冬季，澳大利亚一带空气下沉形成高压区。在气压梯度力（使空气从多的地方流向少的地方）的作用下，空气从南部高压区流向北部低压区，加之地转偏向力的影响（由地球自转产生，使物体的运动方向发生变化的力，北半球向右偏，南半球向左偏），形成西南季风。其次，南半球的东南信风越过赤道进入北半球，也形成西南风。另外，来自南半球索马里低空急流，沿海北上经阿拉伯海到印度，它的风速经常在25~50米/秒（风速达到50米/秒时，陆地上迎风步行感觉不便,海上则可掀起巨浪),此急流每年6-8月最盛,正好与西南季风最盛期相吻合。因此,三重"风力"引起的西南风叠加起来,就在北印度洋区域形成了猛烈的西南季风,也因此掀起了滔天巨浪。

台风、洪水极易发生

每当到了夏季,印度洋的狂风极易升级为极具破坏力的台风,印度、泰国等北印度洋沿岸国家,还常常伴随着暴雨天气,甚至发生洪涝灾害。我们经常能够从电视上看到一些关于台风受灾区的报道——台风经过的地方,通常片瓦无存,只留下一片废墟。这也都是北印度洋西南季风"惹"的祸。人们不禁追问,究竟是谁"指使"台风这么干的?答案就是:地转偏向力!

这片"热带海洋",由于日照时间较长,洋面的水温一直居高不下。当温度达到26℃以上,洋面水蒸发速度就会更加快,形成大量的水蒸气上升,从而使近洋面的气压降低。这时,相对高压区域的空气就会从四面八方流向这片近洋面低压区。以北半球为例,受地转偏向力的影响,所有的气流都会向右偏转,整体形成一个逆时针旋转的气团。南半球的情况则正好相反。这股旋转的气团,就是台风的"雏形"。

气团内部,上升的水蒸气到高空的一定位置时,便遇冷液化成水滴,同时释放出热量,使周围温度继续升高。这样,近洋面的气压就会下降得更低,周围的空气就会更猛烈地流向低压区……如此循环,气团越变越大,加之"三重"风力叠加,逐渐形成了一根又胖又高、不断旋转的"气柱"——台风就成形了。伴随着高温空气持续不断地上升,强降雨发生,持续时间长,极易造成洪水灾难。

石油之"湾"

波斯湾属于印度洋西北部边缘海,通称海湾,位于阿拉伯半岛和伊朗高原之间，西北起阿拉伯河河口，东南至霍尔木兹海峡，长约990千米，宽56～338千米，总面积约24万平方千米。湾底与沿岸为世界上石油蕴藏最多的地区之一，已探明石油储量占全世界总储量的一半以上，年产量占全世界总产量的三分之一，素有"石油宝库"之称。

石油在全球的分布图

石油是亿万年前葬身海底的植物及小动物的遗体腐烂以后被深埋地下，经过千万年的高温高压才形成的。图中黑色部分是石油的分布区域，从图中可以看到波斯湾的石油分布非常集中。

波斯湾的石油之多着实令人羡慕，但是它究竟是如何聚集到如此多的石油的呢？这还得从波斯湾的地质演变历程说起。

几千万年前，以波斯湾为中心的周边地区是一片汪洋大海。由于这片海洋所处的纬度低，气候温暖，海水中繁殖了大量的海洋生物，为石油的生成提供了充足的"原材料"。另一方面，"波斯湾"地势较低，四周沙漠环绕，大量的泥沙随着风以及河流——主要是幼发拉底河和底格里斯河，一起汇入海湾，形成沉积层，进而成为良好的储油岩层。当一批海洋生物死亡后，泥沙就会迅速将它们的遗体掩盖起来，并且越"盖"越厚。经过两百万年，甚至更长时间的"酝酿"，便形成了第一块油田。与此同时，海洋生物"生老病死"的规律仍在进行，陆地的泥沙也从未停住向海洋前进的脚步……几千万年过去了，"波斯湾"的面积越变越小，但它沿岸的油田却越来越多。

更重要的是，波斯湾靠近阿拉伯板块的中部位置，这里的海底本身没有强烈的地震、火山和造山运动。尽管在板块运动过程中，阿拉伯板块也时常与相邻的板块发生"冲突"，但都不足以"毁坏"波斯湾沿岸的储油岩层结构。因此，这里的石油才能够完整地保存长达几千万年，直到被人类发现。

小心穿过曼德海峡

鹦鹉螺号一路向北，沿着阿拉伯海岸航行着，终于于2月5日抵达了亚丁湾。"亚丁湾就像是插入曼德海峡的一个漏斗，把印度洋的水引进红海。"2月7日，鹦鹉螺号进入曼德海峡，海峡只有52千米，若全速前进，大约1小时就可以通过，但因为船多道窄，只能谨慎地潜入水中航行，因而阿龙纳斯教授一行人也就无缘海峡两岸的景色了，"就连英国政府用来加强亚丁湾港防御的丕林岛也没见到"。

别名"泪之门"

在阿拉伯半岛西南端和非洲大陆之间的曼德海峡，呈西北—东南走向，向南经亚丁湾通印度洋和太平洋，往北经红海，出苏伊士运河达地中海和大西洋，被称为连接欧、亚、非三大洲的"水上走廊"。不过这条"水上走廊"还有另外一个名字——"泪之门"，为何有这么一个悲伤的名字呢？

原来，曼德海峡长50千米，宽26～32千米，水深30～323米。海峡中许多高出的岩岭和岩礁，暴露于水面之上，形成了曼德海峡航道内众多的岛屿和暗礁。同时，由于地壳剧烈活动，岩浆顺裂缝溢出地表，形成了许多火山，丕林岛就是海峡入口处的一座秃火山岛，面积13平方千米，把曼德海峡分为东西两条水道（即东西两条分峡）。

西水道即为丕林岛与非洲之间的海峡，宽28千米，最大水深323米，称大峡。西水道虽宽且深，但航道内暗礁和浅滩众多，风力强大，船只不便从这里通航。在科学不发达的年代里，航道测量和航标设置落后，不知有多少船只在西水道触礁沉没。

东水道，即丕林岛与阿拉伯半岛之间的海峡宽3.2千米，水深30米，称小峡。因该水道水深适宜，航道中很少岛屿、暗礁，成了由红海出入印度洋的主要水道。不过，即便航道畅通，但因峡窄流急，也有不少航经这里的船只出事。

所以提起曼德海峡，航海者都不免心惊肉跳。红海附近的渔民，每逢出海捕鱼采珠，送行的亲人无不伤心落泪，担心在途经曼德海峡时葬身鱼腹，有去无回。因此，"曼德海峡"在阿拉伯语中意为"泪之门"。

"港"以稀为贵

曼德海峡和它所沟通的红海及亚丁湾，在地质构造体系上，属东非大裂谷的一部分。东非大裂谷，是由于地层块状断裂沉降而形成的，其两岸呈现陡峭的岸形。大裂谷东支的北端，在亚丁湾一带开始转向西北，海水侵入后，形成了曼德海峡—红海—苏伊士湾长达2000多千米的狭长水道。

由于曼德海峡礁多滩险、海岸陡直，所以两岸缺少优良的港口。位于峡口上的丕林岛，高65米，是海峡内不可多得的天然海港。为此，人们必须开发它的一切可利用潜能。在港口建设中，进出船只的燃料补给站是重中之重，这自然成了丕林岛的首要功能；加上丕林岛处于石油运输管道的"关口"位置，地理位置得天独厚，自然会成为兵家必争之地，因而，岛的北部已修建了飞机场。

有了这样一个海岛，可谓解决了许多"棘手"问题，可美中不足的是，该岛迄今没有找到一处淡水源头。殖民者曾经无数次在岛上寻找水源，结果每次都无功而返。不过，可喜的是，今天科学技术已能从海水中提取淡水，目前丕林岛已建立了海水淡化设施，缺乏淡水供应的局面正在改变。

除此之外，海峡外侧的亚丁湾两侧还分布着两个驰名海港，即位于北岸的亚丁港和南岸的吉布提港，它们除了具有丕林岛同样的功能外——即燃料补给

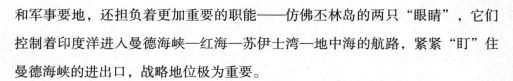

和军事要地，还担负着更加重要的职能——仿佛丕林岛的两只"眼睛"，它们控制着印度洋进入曼德海峡—红海—苏伊士湾—地中海的航路，紧紧"盯"住曼德海峡的进出口，战略地位极为重要。

海洋：天然道路

海运航线是天然的道路。人们驾驶着轮船，可以由任意的此港到达任意的彼港。海洋航路通过能力不受限制，可以多船并行、自由超越和相互交会。世界上万个大小港口通过密如蛛网的海上航线，把世界各国连通起来。

海上航道没有爬高和下坡，可节省额外的燃料消耗。海水摩擦力小，很小的动力便能推动巨大的轮船前进。海船可以设计得很大，为节省运费，如今已经建造了载重几十万吨的干货船和载重上百万吨的超级油轮。不难计算，一艘25万吨的矿石船装运的货物，用载重量为10吨的大卡车运输，需要25000辆。用火车运输，需要载重量为50吨的车皮5000节，以25节编组一列火车，则要编组200列火车。

每年40多亿吨的海运外贸货物中，液态的石油占了海运量的一半左右。其次是固态的矿石、煤炭和粮食。这几种货物是海运的大宗，占了海运量的60%以上。

石油、煤炭是社会生产和人民生活的能源。特别是石油，是当代世界各国经济发展所依赖的主要能源。一旦失去廉价而充足的石油供应，发达国家的经济就要瘫痪。为此，日本、美国、西欧都把从中东石油产地通往该国的航线称为"生命线"。因而，连通阿拉伯海和地中海的曼德海峡更是"生命线"的"哨卡"。

在红海劈波斩浪

经曼德海峡进入红海后，鹦鹉螺号劈波斩浪。尼摩给阿龙纳斯介绍红海得名的原因，以及他发现从红海通往地中海的地下通道"阿拉伯隧道"的经过。鹦鹉螺号前往隧道的途中，遇到了一条庞大的儒艮，尼德·兰在红海上用捕鲸叉击杀庞大的儒艮，展露了身手。当到达隧道时，尼摩艇长亲自指挥，潜水艇只用了不到二十分钟就顺利穿过了阿拉伯隧道（当时还没有苏伊士运河），到了地中海。

红海之"红"，与众不同

人们常用"蓝色"来形容美丽的海洋。然而，在这无奇不有的世界中，却有一片红色的海域——红海。

红海是印度洋的陆间海，实际是东非大裂谷的北部延伸。它静静地依偎在非洲和阿拉伯半岛的怀抱中，全长2100千米，最大宽度306千米，平均深度为558米，面积约45万平方千米。北段通过苏伊士运河与地中海相通，南段有曼德海峡与亚丁湾相通。

其实，大多数的时候，红海也是蓝色，只是在某些季节下，才会呈现出红色。这究竟是怎么回事呢？原来，红海的海水生长一种红色的藻类——红海束毛藻，简称红藻。它个体非常微小，在数量较少时，并不会影响海水的颜色。但是，每当到了早春或晚秋的繁殖高峰期，它们就会成群成团地漂浮在海面上，将红海"染"成红色。

实际上，红藻并不是红海海域所特有。它属于热带性藻类，广泛分布于各大洋暖水区中，如我国南海、东海等海域也经常出现"红海"现象。但为什么只把这里叫作"红海"呢？由于红海东西两侧狭窄的浅海中，有大量的红色珊瑚礁，两岸的岩壁也是赭石色的，在珊瑚和岩壁的衬托和辉映下，海水的颜色就愈发显得红了。因此，红海之"红"，格外与众不同。

又热又咸的海水

红海海水除了"红"以外，最大特点就是"热"。地球海洋表面的年平均水温是17℃，而红海的表面水温可高达27℃～32℃。即使是200米以下的深水

红海是连接地中海和阿拉伯海的重要通道，也是一条重要的石油运输通道，具有战略价值。

区，水温仍然居高不下，约达21℃。而在正常情况下，热带海面的水温，一般最高只有30℃，至于深层水一般只有4℃。红海的水温之所以如此之高，是因为受到上下两大"火炉"的烘烤。

打开地图，我们可以看到红海的周围是一望无际的大沙漠。因此，在干热的热带沙漠气候影响下，红海的水面常年都是热乎乎的。另外，红海属于东非大裂谷的一部分，海底扩张使地壳出现了裂缝，岩浆沿裂缝不断上涌，海底岩石被加热，从而使它承载的海水温度升高。据测量，红海底裂谷处的水温竟高达56℃。可见，在水面高温气候与水底高温岩浆的上下"夹攻"下，红海水温想不高都难！

更令人吃惊的是，红海底裂谷处盐度高达7.4%～31.0%。海水的盐度一般在3.5%左右。而这里却高出了2～9倍。为什么会出现这样反常的情况呢？经科学家的论证认为，海底出现裂缝后，加热了沿裂缝下渗的海水，大量的矿物质和溶解盐类，也趁机溶进海水。

同时，红海北部年降雨量只有28毫米，南部也只有127毫米，真是滴水贵如油。然而，这里的蒸发量却非常大，年平均约2100毫米，远远大于降水量。加上红海周围无河流汇入，只有印度洋的海水可以调节红海水位，补充它的水源不足。但红海水量依旧入不敷出，因而，红海的盐量一直居高不下。

石油运输"管道"

红海迷人的景色，使其沿岸常年游客不断，而由于石油在全球经济价值的日益突出，也使红海海面从不寂寞——船只川流不息，尤其是载满石油的巨大轮船。

众所周知，波斯湾沿岸的国家，如伊朗、伊拉克、沙特阿拉伯等是世界石油盛产国，地中海沿岸的法国、意大利等欧洲发达国家是石油的主要消费国。而想把石油从波斯湾，以最快的速度送往欧洲消费者手中，必然经过最便捷的海域——红海。西欧输入的石油约有85%是通过红海—地中海航路运送的。

当然，红海能够变成最便捷的通道与苏伊士运河的开凿通航息息相关。自1869年苏伊士运河通航后，形状狭长的红海，西面通过苏伊士运河与地中海相连，南端通过曼德海峡与阿拉伯海相通。自此，从西欧到印度洋，通过直布罗陀海峡—地中海—苏伊士运河—红海这条航路，成了石油从生产国送往消费国最便捷的运输"管道"，要比绕非洲南部好望角节省路程1万千米以上。

航程的缩短，有利于提高船只利用率和节省运费。据统计，通过苏伊士运河的船只一般比绕好望角缩短10—40天，从而使一条海船在一年内多增加4—5个从地中海至印度洋的往返航次。船舶的周转量，1870年为43.6万吨，1980年猛增至8179.5万吨，相当于运河初期的200倍。可以说，正是苏伊士运河的出现，才使红海真正繁忙起来。

四十八小时穿越地中海

鹦鹉螺号在地中海海底穿行。"地中海沿岸橙树、芦荟、仙人掌和松树郁郁葱葱，到处弥漫着香桃木的芳香，崇山峻岭环抱，空气新鲜透明，地下岩溶活动频繁。"阿龙纳斯和龚塞伊饶有兴趣地观看地中海里的海洋生物，而尼摩艇长却无心欣赏，鹦鹉螺号仅用了四十八小时，即快速地穿越了地中海。

身世之谜

在地图上可以看到，介于亚、非、欧三洲之间有一片广阔水域，像纽带似的，将三大洲紧紧地联系在一起。古人将这片位于三大洲之间的海域，形象地称为"地中海"。

地中海是世界上最大的陆间海，东西长约4000千米，南北最宽处大约为1800千米，面积251.6万平方千米，平均深度1500米，最深处5267米。地中海西部通过直布罗陀海峡与世界上最繁忙的大西洋相接——地中海西边有21千米宽的直布罗陀海峡，穿过它就到大西洋。地中海的东边可以通过苏伊士运河进入印度洋，东北部通过博斯普鲁斯海峡与黑海相连。

三大洲的纽带——地中海的成因之谜，一直是科学家们的重点研究对象。起初，地中海被认为是曾经环绕东半球的特提斯海（古地中海）的残留部分，但后来发现地中海的岩层结构较为年轻。于是，科学家又提出了以下这种观点：

大约在600万年前，由于板块运动，非洲板块和欧亚板块发生了剧烈碰撞，

1.大约2.2亿年前，地球上只有一块超级大陆称为泛古陆，它被无边无际的泛古洋所包围。这时泛古洋中一个巨大古海——特提斯海开始向泛古陆扩展。

2.大约2亿年前，泛古陆以特提斯海为界，分裂为2部分。北面是劳亚古陆，包括亚、欧、北美的古大陆；南面是由南美、非洲、大洋洲、南极洲以及印度拼合而成的冈瓦纳古陆。

3.大约1.35亿年前，那时在非洲和南美洲之间开始出现南大西洋，印度脱离非洲大陆，向亚洲大陆方向漂移，欧洲大陆和北美洲大陆这时仍然是连在一起的。

4.大约6 000万年以前，北美洲大陆和欧洲大陆分离，印度也投入了亚洲大陆的怀抱，大洋洲与南极洲最后分离。经过逐渐漂移，南极洲大陆最后移到了南极地带。

大陆漂移学说示意图，图中可以看到特提斯海的演变过程。

留下一大片不稳定的断层和火山，形成了地中海。不过，确切地说，那时候的地中海还不能算作是"海"，而只是一个巨大的无水盆地。

但是，这个盆地与水源——大西洋，也仅有一"石"之隔。在盆地的西部尽头有一块巨大的岩石，就像是座天然的水坝，将大西洋的海水拦截在盆地之外。"大坝"就是今天的直布罗陀海峡。然而，经过几十万年的洋流冲击，"大坝"终于崩溃了，形成了地球历史上最巨大的"瀑布"。"大坝"缺口狭窄，而盆地广袤无比，所以"瀑布"用了近4000年的时间，才把盆地装满，形成了真正意义上的地中海。

西方文明之"源"

人们常说，古老的地中海源远流长，文化博大精深，不仅是孕育古埃及、古巴比伦、波斯等古国的文明摇篮，而且还是西方文明的发源地。这到底从何说起呢？

这个有着数百万年历史的地中海，几乎被陆地包围，其北面是欧洲大陆、南面为非洲大陆，东面则是亚洲大陆。另一方面，地中海海面较为平静，沿岸海岸线曲折、岛屿众多，形成了众多的天然良港。因此，绝佳的地理位置，优良的港口条件，使地中海成为三大洲重要的沟通"桥梁"，自古代开始，海上贸易就很频繁。

三大洲的贸易沟通，同时也带来了思想和文化的交流。人们通过贸易手段，广泛地吸收沿岸各国优秀的科学、哲学、建筑艺术等先进文化技术，从而推动了一个个文明古国的诞生，如古埃及、古巴比伦、古希腊等。紧接着，这些先进的技术和思想，在随后兴起的殖民活动中，得到了进一步的融合、提升，并传向西方各国。因此，人们总是说地中海是西方文明的发源地。

气候反常，夏干冬雨

说起地中海，必然提到那里"反常"的气候。世界上大多数地区，包括我国的气候都是夏季炎热多雨，冬季干燥少雨，而地中海却是夏季炎热干燥，冬季温暖多雨。为什么会出现这种反常的气候呢？这还得从地中海的地理位置——北纬35°的大陆西岸说起。

处在这个位置的地中海，主要受到两种不同气压带——西风带和副热带高压带（东北信风）的交替控制，以至于出现背道而驰的特殊气候。

夏季，由于赤道气流上升后气流流向副热带，而受地转偏向力影响，副热带高压带北移，到达北纬30°附近时气流无法北进，这时，东北信风控制着地中海地区的气候。东北信风将干燥的大陆气流吹向地中海，副热带高压又以下沉气流为主，不易形成降水，加之副热带收集到的太阳辐射的热量很多，又导致了副热带地区炎热。因此，最终导致气候干燥炎热。到了冬季，副热带高压带南移，使地中海地区位于西风控制之下，西风将潮湿的海洋气流不断送往陆地，从而形成降水。这就是地中海气候反常的根本原因。

意大利东北部的威尼斯是地中海附近最大的贸易中心之一。早在中世纪和文艺复兴时期，威尼斯就在地中海地区的政治和军事上占据主导地位。

不过，"夏干冬雨"并不是地中海特有的气候，而是所有中纬度（约南北纬30°～40°）大陆西岸的典型气候，包括黑海沿岸地区、美国加利福尼亚州等地，但以地中海沿岸地区最明显，故名"地中海气候"。

由于这种反常的气候，作物生长季无法与雨季相对应。因此，地中海地区的植物大多为耐旱、耐热的植物，如常绿灌木、橄榄树、柑橘、无花果和葡萄等。

巧用逆流穿越直布罗陀

在地中海海底堆积的残骸之间，鹦鹉螺号开足马力向直布罗陀海峡前进。"由于大西洋水和河流的注入，那么地中海海平面本应该是逐年上升的。然而，实际上并非如此。于是，人们自然认为存在着一股下逆流，把地中海中多余的海水流回大西洋。"而鹦鹉螺号确实利用了这股逆流，迅速地从直布罗陀海峡狭窄的出口通过。几分钟后，鹦鹉螺号就浮在了大西洋的水波上。

唯一通道

直布罗陀海峡位于西班牙最南端和摩洛哥最北端之间，它长约90千米，东宽西窄，形状似漏斗，最窄处12千米，最宽处43千米。直布罗陀海峡是沟通地中海和大西洋的唯一通道，因此成了地中海通往大西洋的"咽喉"。

早在二千年以前，直布罗陀海峡就已成为地中海与大西洋之间的纽带。地中海沿岸国家的船只通过这里，往南直到非洲南端的开普敦，向北到达英国、德国和波罗的海沿岸国家，往西到北美洲的纽约等地，涉及范围极广。

1869年，苏伊士运河通航后，直布罗陀海峡的战略地位就变得更加重要。从西、北欧各国到印度洋、太平洋沿岸国家的船只，一般都走直布罗陀海峡—地中海—苏伊士运河—曼德海峡这条航路。现在，每天仍有上千艘商船和军舰从海峡穿过，使这条海峡成为世界海上船舰往来最繁忙、最重要的通道之一。据2001年统计，全年有9万艘船只通过此海峡。如果直布罗陀海峡被封锁，西欧经济发展将受到巨大影响，因此，它又被称为西欧的"海上生命线"。

地中海的"供水管"

地中海处在副热带，蒸发量太大，蒸发率较同纬度的大西洋高三分之一，一年内蒸发掉的水量可使海面下降一米半。地中海四周，注入的河水又不多，除了埃及的尼罗河以外，没有什么水流量大的河水流入，这些补给水源远远不及它的蒸发量，因而导致地中海的水入不敷出。而且地中海海水的咸度比大西洋高得多，它的表层海水年平均盐度为3.8%，东部海区更高达3.958%，比全球海水年平均盐度高出0.3%~0.4%。

这时，直布罗陀海峡的存在就帮了大忙，它是大西洋的海水的注入"通道"，以补给地中海的蒸发损失。据计算，如果直布罗陀海峡被封闭，地中海在三千年内就将干涸。

不过，海水流经直布罗陀海峡的方式也是很有特色的。通过直布罗陀海峡的海流其实分为上下两层：上层水（200米以上）由大西洋流向地中海，下层水（200米以下）由地中海流向大西洋。这是由于地中海海水的盐度高于大西洋（3.5%），盐度越大，密度越高，地中海海水密度大于大西洋海水密度。密度大则做下沉运动，因而地中海底部的海水便经由直布罗陀海峡进入大西洋底部，从而使大西洋海水被抬升。在大西洋表层，海平面被抬高，而且，地中海比大西洋的海平面低10至30厘米，由于海面的倾斜，大西洋的海水从直布罗陀海峡"争先恐后"地涌入，强大的海流流速达每小时7千米，总量达175万立方米/秒，约占整个地中海补给量的70.6%。

看来，直布罗陀海峡的存在使地中海避免成为一个萎缩的盐国，其功绩实在不小。

看到这里我们知道大西洋对地中海的补给量是很大的，它也是一种海洋激流。其实，人们很早就将海洋激流运用于军事了，在直布罗陀海峡，表层海水从大西洋流入地中海，而深层海水则从地中海注入大西洋。在第二次世界大战中，法国潜艇就利用这种海洋激流自由地出入直布罗陀海峡。当潜艇进入大西洋时，便潜入浅海中，同时，关闭发动机，让海流将它无声无息地送入地中海，这样便不会被雷达和声呐发现。只是人们一直不知道这种深层流就是破坏力巨大的海洋激流。

大西洋一路向南

> 鹦鹉螺号驶入大西洋，一直向南大西洋海域前进，离欧洲大陆越来越远，阿龙纳斯他们失去了一次逃跑的机会。在大西洋底，尼摩陪着阿龙纳斯参观沉没已久的大陆——大西洲。他们观赏了海底火山喷口吐出硫黄火浆的奇景，还来到了大西洋的一片神秘海域——马尾藻海。

"年轻有为"

大西洋是最年轻的大洋，距今只有一亿年，但它可谓"年轻有为"。众所周知，大西洋在四大洋中排行第二，位于欧洲、非洲与北美、南美之间，北接北冰洋，南接南极洲，包括属海的面积为9431.4万平方千米，是太平洋面积的一半。平均深度为3627米，最大深度为9219米，约占海洋总面积的25.4%。不过，据科学家研究，它正在拼命扩张，把两岸裂开，说不定在遥远的将来，后来居上，它会赶上或超过太平洋。

大西洋海域一带汇聚着众多海上重要通道，如佛罗里达海峡、英吉利海峡、好望角航线、巴拿马运河……货运量居各大洋第一位。正因为如此，大西洋以十足的竞争力跻身成为世界上最繁忙的大洋。

而且，这里名"流"汇聚，世界上很多著名的河流最终都汇入大西洋，如北美洲和南美洲的圣劳伦斯河、密西西比河、亚马孙河、乌拉圭河，非洲的刚果河和尼日尔河，欧洲的卢瓦尔河、莱茵河和易北河等。

大西洋还拥有世界海洋中最宽、最大的大陆架。大西洋的大陆架宽度从几十千米到上千千米不等，以大西洋东北部的波罗的海和北海，以及西北欧大不列颠岛周围和挪威海沿岸海域最宽广，最宽处达1000千米以上，

我们知道，大陆架广阔就意味着渔产资源丰富。事实的确如此，大西洋陆架占据着世界上一半以上的渔场，其中西北部和东北部的纽芬兰和北海地区是其主要渔场区域，盛产鲱、鳕、金枪鱼、鲑鱼等，其他尚有牡蛎、贻贝、鳌虾、蟹类以及各种藻类等。而当这些海洋生物死后，由于沿岸河流带入的大量泥沙将它层层掩埋，经过数百万年的演变，便转换成珍贵的"宝贝"——石油与天然气。

"S"形大洋中脊

大西洋呈"S"形的洋中脊，是大西洋洋底地形中最为特殊的洋底奇观，它北起冰岛，纵贯大西洋，然后转向东北与印度洋中脊相连，全长约1.7万千米，宽度1500～2000千米，约占大洋宽度的1/3；面积达2228万平方千米，占大西洋底面积的1/4，是大西洋底最重要和最突出的地形单元。

大西洋洋中脊是一个大部分地区位于海底的山脉。

贯穿大西洋的S型海岭，由一系列狭窄和被断裂分割的平行岭脊组成，脊顶距海面2500～3000米，峰脊突出海面者成为岛屿，如冰岛、亚速尔群岛、圣佩德罗—圣保罗礁。中脊的轴部有一条纵向的中央断裂谷地，谷地一般深3000～4000米。从中轴向两侧还有逐级降低的纵向岭脊，岭脊之间有12～40千米的裂谷。沿中脊特别是沿脊轴的中央裂谷绵

延分布着一条活跃的地震带，表明大西洋中脊是地质构造不稳定地带。

大洋中脊还被无数横向断裂带切断并错开，横向断裂带走向与中脊近于垂直，在地形上表现为深切的线状槽沟。其中位于赤道附近的罗曼什断裂带（最深处罗曼什海沟达7856米，位于南纬0° 16′，西经18° 35′），把大西洋中脊截成南北两段并错开1000余千米，北段称北大西洋中脊，纵贯大西洋北部，长约1.05万千米，最宽处1500千米，脊顶距海面约2000～2500米；南段称南大西洋中脊，纵贯大西洋南部，长约4500千米，脊顶距洋面2000～3000米。

各种气候应有尽有

大西洋南北伸延、赤道横贯中部，气候南北对称和气候带齐全是其明显特征。由于受洋流、大气环流、海陆轮廓等因素影响，各海区间气候差别很大。依照纬度变化，从多雨到干燥，从无风到飓风，各种气候类型应有尽有。

大西洋赤道带（南、北纬5° 之间）处于低气压带，这里太阳终年近乎直射，是地表年平均气温最高地带。由于温度的水平分布比较均匀，水平气压梯度很小，气流以辐合上升为主，风速微弱，故称为赤道无风带。而正相反的是从副热带高压下沉流向副极地低压带的气流，为盛行西风带——中高纬度强大的盛行风带，这也是南北纬40°～60° 西风漂流形成的动力。西风带还经常同来自极地的冷空气相汇，形成锋面和气旋，使大西洋沿岸产生多变天气和较多降水，尤其常常在冬季带来暴风雪，给高纬海区造成狂风巨浪。

大西洋赤道带上升气流强盛，多对流性云系降水，年降水量多达2000毫米，为大西洋中的多雨带。0°~30° 纬度是副热带高压带，气流以下沉辐散为主，云雨稀少，天气晴朗，蒸发旺盛，一般降水量500～1000毫米，高压中心（大洋东部亚速尔群岛附近）海域年降水量只有100～250毫米，大大少于蒸发量，成为大西洋中的干燥带。

北半球60° 以北的高纬海区（主要是东部）附近为低压带，受暖流和气旋

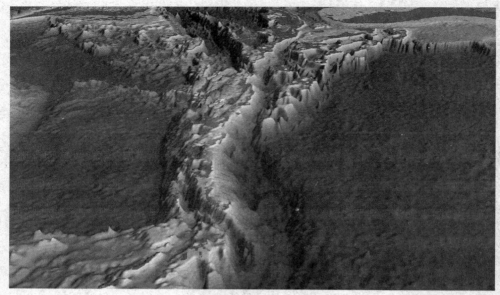

大西洋海沟

（大气中水平气流呈逆时针旋转的大型涡旋）影响，年降水量可达1000毫米左右；而南半球60°以南海域，因空气干冷和没有暖流调剂，降水量很少，一般在100～250毫米间。南北纬60°相比，北大西洋暖流的增温效应很明显，北大西洋最热月平均气温达10℃，南大西洋则为0℃，最冷月分别为0℃和-10℃。

南极海遇险

鹦鹉螺号一直向南，最终开往终年积雪结冰的南极圈，冲撞大冰盖，浮出水面。阿龙纳斯和尼摩艇长登上南极大陆，观察到南极特有的美丽景观。不料，在潜艇准备驶离南极时，却被倒下来的大冰块砸中，潜艇四周被厚厚的冰墙包围，一时找不到出路，陷入困境。尼摩镇定自若地指挥大家轮班开凿冰墙，喷射开水阻止新的结冰。艇内极度缺氧，但秩序井然，经过大家共同努力，潜艇终于冲出冰墙，大家呼吸到了新鲜的空气。

是"海"不是"洋"

你也许会问：为什么只有四大洋，南极海面积也不小，为什么没能成为第五洋呢？原来，在海洋世界里也是有等级制度的，大洋中脊就是分级的标准。只有拥有大洋中脊的海域才会被称为"洋"，否则只能降级为"海"。这也就是南极海为什么不能晋级为"洋"的最主要原因。

那么，大洋中脊究竟是什么样子呢？这一点，我们或许能从它的别称——中央海岭上寻得蛛丝马迹。没错，它就是一系列连绵不断、耸立于洋底中央的山脉。只不过，这山脉不同寻

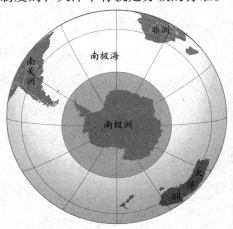

南极海是环绕南极大陆、北边无陆界的独特水域。

常，它贯穿的是四大洋，主体从北冰洋起，经大西洋、印度洋至东太平洋（大洋中脊在四大洋的分布，除太平洋以外，大致都位于大洋中部。而在太平洋，大洋中脊偏居东侧且边坡平缓，所以被称作东太平洋海隆），一直延伸到北太平洋，总长度超过8万千米，是世界上最长的山系。它的宽度也从几百米到几千米不等，总面积占大洋总面积的33%，相当于地球上所有陆地面积的总和。

当然，也有人将这壮观的山脉比作缝合线。这是因为，大洋底部原本并不是一块完整的地壳板块，而是由数块板块组合而成。而大洋中脊所处的位置正好在板块之间的交界处，就如同一条缝合线把两边的板块"缝"在了一起。从世界地图上我们可以看到：大西洋海岭将亚欧板块与美洲板块"缝"在了一起；而印度洋海岭则将非洲板块与印度洋板块"缝"在了一起。

"咆哮的四十度"

在去往南极的必经之地——南纬40°～60°的海面上，常年波涛滚滚、奔腾怒啸，浪高最高可达30米，最低也在7米以上。这里的怒浪，可以将几十吨的大轮船当成小球一样抛起、落下。因此，海洋学家把这片脾气暴躁的洋面，称为"咆哮的四十度"。

正所谓"风助水势"，纬度40°～60°海域，正处于副热带高压带向副极地低压带输送空气的西风带，加之地转偏向力随着纬度的增加而增大，因此西风带的风向更稳定，风速也更大。另外，两个气压带的温差较大，从而使气压梯度力增加，空气流动更加猛烈。在多重因素的共同作用下，西风带成了最强劲的风带。

只不过，在北纬40°～60°之间，海洋多为陆地阻隔，西风的"行动"屡屡受阻，风速也就相应降低下来。然而，在南纬40°～60°之间，几乎看不到陆地，全部是海洋。因此，南纬西风带的大风，就可以在广阔的洋面上，肆无忌惮地兴风作浪。因而，"咆哮的四十度"及其滔天大浪，成了航行"天敌"的代名词，航海者统统避而远之。

南极"原住民"

南极是地球上唯一一个至今没有人居住的大陆，因为这个地方常年温度在零下60℃到零下80℃，经常有风力高达12级的暴风雪在这片大陆上肆虐。尽管如此，有一些顽强的动物们却选择了这片荒凉的大陆世代生存，它们可以称为这片土地的"原住民"。

比如，帝企鹅，它们站在冰封的海面上，感受到了南极地区暴风雪强大的威力。只有相互挤在一起，它们才能度过冬季寒风刺骨的几个月。它们轮流去抵挡猛烈的寒风。帝企鹅能安全地生活在这里，因为南极大陆四周被南极海环绕，没有任何陆地食肉动物能够到达这里。所以与北极动物不同，它们不会受到北极熊的威胁。

企鹅是一种最古老的游禽，它很可能是在南极洲还未穿上冰甲之前，就已经在南极安家落户。为了适应南极酷寒，企鹅已经形成了特殊的身体结构，企鹅身体表面覆盖着密密的羽毛，这羽毛仿佛是它的绒衣，非常保暖。以帝企鹅为例，其体表每平方厘米就有12根羽毛，这样密集的程度，使得帝企鹅84%的保暖效果都是靠羽毛而实现的。羽毛能在体表网罗一层空气形成同脂肪一样的空气绝热层。同时，绒毛状纤羽彼此联合在一起，在皮肤表面形成另一个绝热层。企鹅羽毛的根很硬，羽轴短而宽，在体表整齐地排列成鳞片状，防止外界冷空气的进入；内层纤细的绒毛又防止了内部热量的流失。这双

四只身上被冰覆盖的帝企鹅聚集在一起取暖。

层结构形成一个很好的保护层，既能抵御大风的袭击，又保护了皮肤免受冰尖的刺伤。

对于企鹅，过冷和过热都具有致命的危险，因此，当外界因素或运动使企鹅的体温升高时，散热就变得和平时的保暖一样重要。企鹅以最简单的方式来解决这个问题：它们竖起羽毛，使得身体表面的空气层被破坏以散掉多余的热量，从而达到降温的目的。

同样是南极典型动物的还有韦德尔海豹，它们甚至整个冬天都生活在这里。它们生活在冰面下的海水中，不用惧怕上面肆虐的暴风雪。但它们整年的时间都必须接触到空气，因为要呼吸。它们靠牙齿的力量始终保持着呼吸孔的畅通。只有不停地刮擦冰面才能接触到外面的空气，但那也意味着牙齿会磨损得很厉害，以至于不能捕猎或很好地吃东西。因而，韦德尔海豹都会很"年轻"就离开这个世界。

冰雪覆盖的海面下还生活着小小的磷虾。整个冬天它们都待在这里，靠吃从冰层上刮擦下来的海藻活着。最令人不可思议的是，它们为了减少能量的消耗，还会收缩身体，把自己恢复到幼年时期的样子。随着春天气温的升高，冰层开始融化，贮存在其中的少量空气被释放出来。这些气泡周围生长着一些微型海藻，现在磷虾用脚不停地拍打，把海藻收集起来，作为食物。太阳光线越来越强烈，投射到更深的海水中，浮藻开始大量生长，磷虾也离开了慢慢融化变小的冰块，成群结队地聚在一起吞吃这种新生的食物。据统计，若每年捕捞1.5亿～2亿吨磷虾，就足以保证全世界人对蛋白质的需求。

急速穿过英吉利

从南极脱险后，潜艇转而向北，沿着南美洲的曲折海岸行驶。阿龙纳斯向尼摩提出离开潜艇的要求遭到拒绝。尼摩指挥潜艇到了爱尔兰附近，向欧洲海域驶去。在这里，潜艇与一艘不知国籍的战舰发生了激烈的战斗，最后"战舰船壳裂开，继而发生爆炸，迅速下沉"。其后，潜艇"经过英吉利海峡入口，并以无与伦比的速度向北极海域航行"。

强劲潮汐能

大不列颠岛与欧洲大陆，原是连在一起的。后来，北大西洋扩张，南面的非洲板块向北面推进，古地中海下面的岩层受到挤压弯曲，向上拱起，由此造成的非洲和欧洲间相对运动，形成了阿尔卑斯山系。受阿尔卑斯造山运动的影响，大不列颠岛附近发生褶皱和断裂，从此以后，海峡地区不断下沉，海水随后进入海峡，把大不列颠岛与欧洲大陆分开，成为现今的英吉利海峡。

英吉利海峡地处西风带，海水自西向东流动。世界上最大的暖流——墨西哥湾流横渡大西洋，它的南支进入海峡后形成一股强劲的海流。由于海峡呈西宽东窄的喇叭形，因而能够将从大西洋进入的潮水能量很快集中起来。强大的潮流能造成6米高的巨浪，同时，海潮受到约束，从西向东流速渐慢，形成了巨大的潮差。

这使得英吉利海峡成为世界海洋潮汐（海面垂直方向涨落）动力资源最丰富的地区。据估计，全世界潮汐能约有三十亿千瓦，而英吉利海峡约有八千万千瓦，约占世界潮汐能的2.7%。尤其是位于英吉利海峡南部的法国则以潮差大而著称于世，其中法国朗斯河口最大潮差高达13.5米，比我国著名的钱塘江最大潮差（9米）还要大0.5倍。世界第一大潮汐电站朗斯电站就建在这里。

漏斗"体形"引发洪灾

英吉利海峡以北是一片半封闭的海域——北海。北海西以大不列颠岛为界，北为设得兰群岛，东邻挪威和丹麦，南接德国、荷兰、比利时、法国，西南经英吉利海峡通大西洋。

北海大部分海区水深不超过100米，阳光可以照射到水底，可见，北海绝大部分海域阳光充裕，生物光合作用强，因而浮游生物繁盛，为鱼类提供了充裕的食物。所以，北海渔场是世界著名的渔场也就不奇怪了。北海渔产富饶、资源丰富，为沿海国家带来了源源不断的经济收入。然而，一谈起北海，人们的眼中却不全是感激，而是带有几分埋怨。

原来，这里常年海雾不散，风暴盛行，一到冬季，还常有洪水来袭，给人民生命、财产造成危害。我们知道，冷暖流的交汇是海雾形成的主要原因，另外，北海所处的纬度（北纬56°～61°），是极地冷气团和热带热气团正面"交锋"的位置，所以气旋活动频繁一点也不奇怪。但是，为什么洪水频发呢？

这种灾害天气与北海的"体形"有关：北海与大西洋相连的"北口"宽阔，南部一侧却非常狭窄，并且只有一条水道——英吉利海峡——与外界沟通。"喇叭口"状的英吉利海峡使北海整体呈"漏斗"状，因此，当风暴和潮汐同时作用，驱使大西洋的水流入北海，就容易造成水位急剧上升，从而引发洪灾。

海面事故多，海底建隧道

海峡像一道天堑将英国与欧洲大陆隔开，这给人们的生活、旅行带来许多不便。过去主要是通过摆渡，英法之间每天有四对渡轮和六对气垫渡轮摆渡海峡之间。南来北往，东去西行的船只不断，海峡内一片繁忙景象。

随着欧美各国之间的贸易往来日益频繁，它又是联系英国和欧洲大陆的纽带，也是北大西洋航线沟通经济

英吉利海底隧道长达50.45千米，其中37.9千米在海底，是世界上海底部分最长的隧道。通过隧道的火车有长途火车、专载货车的区间火车、载运其他道路车辆，如大客车、一般汽车、摩托车、自行车等的区间火车。图为专为英吉利海底隧道设计的欧洲之星高速列车。

发达的西欧和北美的纽带，因而，成为世界上货运最发达的航线。英吉利海峡平均深度60米，最深处172米，最浅处也有24米，巨型海轮可畅通无阻。它每年通过的船只多达12万艘，海峡两岸港口密布、货运量占欧洲各国进出口总额的50%左右，英吉利海峡成为世界上最繁忙的海峡。这使得英吉利海峡运输压力越来越大。

到了秋冬两季，情况更为糟糕。由于从大西洋吹来的大量暖空气与北部较冷的气团在海峡地区相遇，致使这里经常有风暴、大雾出现，海峡内能见度较差，全年雾季长达六个多月，严重影响船舰的航行，致使船舰延误了航期，甚至由于峡窄船多、拥挤不堪而引发海上事故。

于是，人们设计建造接通海峡两岸的海底隧道，目的是让人们能够安全的，全天候的通过海峡，从而让"天堑"变成"通途"。1987年，英法两国共同开凿英吉利海底隧道，于1991年全面贯通，隧道全长53千米，耗资170亿美元。隧道投入运营后，大大缓解了海峡上的交通压力，而且缩短了由英国到欧洲大陆的时间，每10多分钟就有一列高速火车往返，乘车只需35分钟就可穿过英吉利海峡。

挪威海遭遇大漩涡

潜艇来到了北冰洋的边缘海挪威海，阿龙纳斯三人计划利用附在潜艇上的小艇逃跑，可不巧的是，这时潜艇被卷入了挪威西海岸的大漩涡中，小艇也难逃厄运。等到阿龙纳斯醒来时，发现已经躺在佛罗敦群岛渔民的小屋里，两位同伴也安然无恙，只是尼摩艇长及其鹦鹉螺号下落不明。

全年无封冻

北极圈内常年的低温气候条件，使极地海域到处都一片冰天雪地的景象。冬季，80%的海面被冰封住，一切都冻得结结实实，即使在夏季，也有一多半的海面，被冰"霸占"。但即使在这样寒气逼人的天地里，却也不乏"另类"——如挪威海（北冰洋的边缘海），一年四季海面碧波荡漾。这片怪异的海域，位于斯瓦尔巴群岛、冰岛和斯堪的纳维亚半岛之间，是北冰洋中唯一能全年通航的海。

挪威海之所以"不冻"，主要源自一条强大的暖流——北大西洋暖流带来的"温暖"，它绕不列颠群岛散开，进入北海并沿挪威海岸流动，使得位于西北欧的英国、法国、荷兰、丹麦、瑞士等国（地理位置相当于我国黑龙江的北大荒地区），冬天气候竟与我国长江中

挪威海临近峡湾和水下浅滩的海水中含有丰富的营养物质，成为海区的重要渔场。图为生长在挪威海中的一种磷虾。

下游一带的气候相似，相当于纬度南移了将近20度。而我国的北大荒一带，气候却十分寒冷，每年的10月，就已大雪纷飞了。

这片海区的表层水温更是比同纬度的格陵兰海和巴芬湾要高10℃以上。正因为如此，这片海域跻身世界最佳渔场之列。另外，由于挪威海北通北冰洋、南连北海、西接大西洋，中枢地理位置加上"全年无休"，使它成了西北欧海上最忙碌的航运要道。

有个巨大的"热蓄水库"

北大西洋暖流就像一条永不停息的"暖水管"，携带着巨大的能量，温暖了所有经过地区的空气，并在西风的吹送下，将热量传送到西欧和北欧沿海地区，使那里成为暖湿的海洋性气候—— 一月平均气温甚至比同纬度的亚洲东岸和北美东岸高出15℃~20℃。取道挪威沿海的摩尔曼斯克港（俄罗斯北冰洋沿岸港口）能够全年通航，也因此成为位于北极圈内唯一的终年不冻港。北大西洋

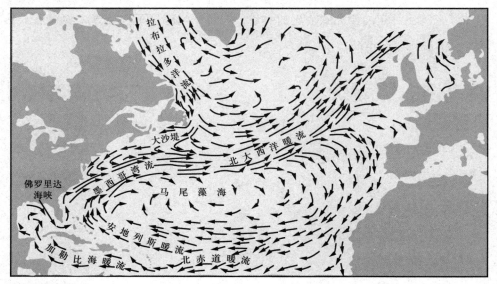

墨西哥湾暖流

　　海水温度高于所流经海区水温的洋流称为暖流。它对所流经地区有明显的增温增湿作用。墨西哥湾暖流是沿着北大西洋周围运动的一种顺时针式的表层流。它从佛罗里达海峡流到拉布拉多（位于美洲大陆最东端）外海大沙堤海域。

暖流缘何能够制造如此多的"温暖"呢?

其实,它背后有一个巨大的"热蓄水库"——墨西哥湾暖流,简称湾流。墨西哥湾暖流是世界上规模最大的暖流,它宽100多千米,深700米,大约相当于所有河流径流量的40倍。它沿北美大陆东岸向东北流动,流动速度最快为每小时9.5千米,即使200米深处流动速度也达到约每小时4千米。它流动到北纬40°附近进入西风带开始折向东流,并呈扇形展开,改名为"北大西洋暖流"。

墨西哥湾暖流为何能够具有如此大的规模和速度?这离不开其他暖流的"助力":南赤道暖流因受巴西大陆之阻而分出的北支——圭亚那暖流,经墨西哥湾流出变为佛罗里达暖流,与北赤道暖流北上的安的列斯暖流汇合,组成强劲的湾流。该暖流因绕经炎热的墨西哥湾后而流出,因此规模很大,水温很高。特别是冬季,比周围的海水高出8℃。它刚出海湾时,水温高达27℃~28℃,它散发的热量相当于北大西洋所获得的太阳光热的1/5。据科学家的估计,湾流每年向西北欧输送的热量,按每千米海岸平均计算,约相当于燃烧6000万吨煤炭放出的热量。

第二章
"艇长""教授"关于大海的
探讨和研究

海洋的身世

　　《海底两万里》文中给出了今天的地球——七分海洋、三分陆地的解释是很有意思的：原始地球并不是今天的样子，那时，"地球到处被海洋覆盖"，后来到了志留纪（古生代第三纪，距今4.38亿年），"山峰才渐渐显露，岛屿露出了海面，接着又因发生局部性洪水而被淹没。最终，地球上的陆地、岛屿和冰山从江海湖河那里'夺走'了3765.7万平方海里的面积"。那么，海洋的身世到底是怎样的呢？

星球大战催生海洋

　　地球，是目前人类所知的唯一具有生命的星球。使地球独具这种神奇色彩的，是覆盖它表面积71%的海洋。据生命科学家的研究，地球上的第一个生命就诞生于这片湛蓝色的海洋中。

　　人类是在海洋诞生之后才出现的，不可能目睹海洋形成的奇观。但有关海洋的起源问题，却一直都是科学家研究的热点。对此，他们提出了各种各样的假说。其中，以下这种假说得到了人们的普遍认同。

　　海洋的诞生与地球的演变，与一场长达十几亿年的星球大战有着密不可分的联系。

　　当地球从她的母亲——太阳里脱胎而出时，还是一团熔融状态的岩浆火球。不过，火球的热量很快就开始散失了，地球表面迅速冷却，首先形成了一层薄薄的地壳。与此同时，地壳内部由于温度继续下降，发生了冷缩变化，导致裂缝产生。然而，这种状态并没有维持太久，因为接踵而来的星球大战使地球变得"面目全非"。

自地球形成起，一些彗星和小行星就不断地撞击地球，这种野蛮的"侵略"行为一直持续了十几亿年。在一次大撞击中，薄薄的地壳终于被撕裂，内部的岩浆顺着裂缝喷涌而出，这就是火山爆发。地表的岩浆缓缓流动，逐渐冷却下来，成了新的地壳层。就这样，地壳层不断地加厚，但是在星球大战中留下的裂缝却无法复原，它们形成了地壳层上的缺口，这就是最早的洋盆。

第一场雨

在星球大战中，地球看似"遍体鳞伤"，但其实也是最大的受益者，因为在后来发生的一系列变化中，地球上出现了一片美丽的海洋。

据现在科学研究，很多星体中都富含冰物质。当这些星体撞击还未冷却的地球时，在高温的作用下，其内部的冰物质会升华为水蒸气，上升到空中，将地球笼罩起来。并且在火山爆发的过程中，地球内部的水蒸气也会随同岩浆一道喷出地壳，加入笼罩地球的行列中。于是，地球上的水蒸气越来越多，终于达到了饱和的程度。随着气温的降低，饱和的水蒸气便凝结成了水滴，水滴越积越大，越变越重，在重力作用下，它们从空中降落，形成了一场滂沱大雨。

这是地球上的第一场雨，也是一场极不平常的雨。它没有止息地下了几千年、几万年，甚至几百万年，落到地面的雨水源源不断地汇入地壳层的缺口，干枯的洋盆最终成了一片汪洋大海。

海陆"争夺战"

如果看到这里，你就以为掌握了海洋的演变史，那可就大错特错了。实际上，几十亿年前的海洋与我们今天看到的海洋并不一样。地质研究证据显示，在地球的早期历史中，大量的星体与地球相撞所释放出来的热量，曾数次将海

— ← 生长边界（海岭、断层）

— ← 消亡边界（海沟、造山带）

随着地壳的不断运动，大陆和海洋板块也发生着变化。

洋中的海水烘烤殆尽；与此同时，火山爆发仍然不断地发生，在地壳层上形成新的缺口，塑造出新的洋盆。就这样，旧的洋盆干涸了，海洋变成了陆地；新的洋盆又诞生了，陆地变成了海洋。这就是最原始的海陆变迁现象——沧海桑田。

经过几亿年的演变，地壳层已经变得非常结实了，但沧海桑田的变化却一直没有停止过，这主要是由地壳运动引起的。

我们知道，地壳层由岩石构成，可以分为数个板块，这些板块都漂浮于热地幔（热岩浆）之上，是活动的。过去人们将板块活动称为"大陆漂移"，现在则称为"板块构造"。根据板块构造理论，有的板块上面承载的是大陆，有的承载的是大陆与海洋的混合体，有的则整体被海洋覆盖，比如太平洋板块。随着板块的水平运动或垂直运动，大陆和海洋的位置也发生着变化。尽管板块运动的速度非常缓慢，平均每年大约只有5厘米，但是几亿年的"路程"相加，足以使地球发生翻天覆地的变化。

海洋深度知多少

鹦鹉螺号在太平洋底潜行时，尼摩艇长和阿龙纳斯教授探讨起了海洋深度的问题。阿龙纳斯教授说："如果把海底整平，其平均深度大概为7000米。"尼摩船长则告诉教授，太平洋这片海域的平均深度只有4000米。那么海洋的深度到底是怎样的呢？

光线逐渐消失

海洋的深度比陆地的高差变化大得多。目前测得平均深度最深的海洋是太平洋，为4000米，而波罗的海是另一个极端，它的平均深度不过54米。通常，海洋的深度与地壳两个主要的次级单元——大陆块和海洋盆地有密切的关系，大陆块表面位于高处，海洋盆地位于低处。任何海底地形，都是这两个单元相互"斗争"的结果。最终，浅水（深度在200米以内）部分处于陆块上，而深水（平均约4000米）部分在海洋盆地中。

随着海洋深度的变化，阳光要走的"路程"长短不同，透射能力也发生着相应的变化。位于海水最上层的透光带达80米，阳光充足，为植物的生长提供了充分的光线；阳光继续"前行"到深约600米处，是海洋的弱光带，即一个过渡带，越往"深"走，光线逐渐消失；当阳光"前进"到600米以下的深度时，就是不透光带——一片漆黑的世界了，在这里没有光线透射，植物不能生长（植物生长要依赖于阳光进行光合作用），所以植物只能在海水表层部分生长。但是有深海动物存在，其生存依靠海水中向下运动（如寒暖流交汇处）的食物。

宁静的深海

对于深度变化起伏的大海，光线会随之衰减，我们还想知道：风浪是否也会随深度衰减呢？

让我们先做一个实验：如果把一个皮球扔到波动的海里，皮球能跟随波浪漂多远？如果注意观察就会发现，皮球在水中只随着波浪上下颠簸和左右摇摆。当波峰传过来的时候，皮球被向上举起来，还随着波浪向前移动了一点距离；在波谷到来时，皮球被抛下来，还向后回到了原来的位置。这样的结果是一个波传过去了，也就是说波形向前移动了，而皮球还在原地没有前进，只是随着波动做了一个圆周运动。

海水是由无数个非常小的水滴组成的，通常把这些小水滴叫作水质点。当海面上没有风时，表面的水质点保持平静状态，一旦海面上有了风，各个水质点就被吹离了原来的平衡位置，在风和重力的作用下，近似地做圆周运动，运动的中心是原来的平衡位置。无数个水质点按先后次序依次做这样的圆周运动，就形成了向前传播的海浪。这里要强调的是，海浪的传播只是波动形状的传播，水质点本身并不向前移动，而是在平衡位置的周围做圆周运动。

海水的水质点是紧密连在一起的，海面出现波动的时候，必然带动它下面的水质点，一个一个往下传。在波峰传过来时，海面的水质点被拾起来，海面以下的水质点也跟着被抬起来；在波谷传过来时，海面的水质点被抛下去，下层的水质点也相应地向下运动。所以在海面发生波动时，海面以下的水层也随着出现类似的波动现象。不过，海面以下的波动要比表面的波动小，这是因为随着深度的增加，波动受到的阻力和摩擦力加大，能量降低，水质点做圆周运动的半径也随之减小，波高也就变小，到了一定的深度，海浪就没有"力气"了，变得愈来愈微弱，最后完全消失。据计算，在离海面一个波长的深度上，波浪只有海面波高的1/500。比如说，海面上的波高为8米，波长为150米，那么在150米深的地方，波高只有0．016米了。大洋的水深都超过1000米，所以，尽管海面上会出现惊涛骇浪，但在大洋的深处，仍然有一片平静的世界。

海平面并不平

我们已经知道，海洋的深度是不同的，加之由于海面潮起潮落，没有风平浪静的时候，所以，每天的海平面应该是在变化的。但是尽管如此，人们还是认为海面是平坦的，因而，人们就想到用一个确定的平均海平面作海拔的起算面，如测量和地图上均以海平面为0高度来测算其他山峰、高原等的海拔高度（超出海平面的高度，它并不是绝对概念），例如珠穆朗玛峰海拔8844.43米，就是指它高出海平面的距离是8844.43米。

海洋学家用数据证明：大洋上并无一个水平基点，各大洋的水面确实是高低不平的。印度洋洋面在斯里兰卡岛附近要比其他海面低约100米，大西洋洋面到了冰岛附近则要比其他洋中心的水面高出约65米，可见大西洋像一片丘陵。只不过，海平面的高低变化在1000千米以上的广泛范围内逐渐变化，所以不易被航海者察觉到。

不过，海平面高低不平并非由涨潮、落潮所致，而是因各大洋底部地心引力不同造成的。引力大小的差别与地貌、地下情况有很大关系，地壳厚的地方，所含物质多，其引力相对较大。大洋中引力大的地方所吸引的海水量就多，致使洋面在无浪的情况下也会形成一个水峰，而地壳薄的地方引力小，自然吸引的海水少，因而形成大海中的"深谷"。

海底是一个凹凸不平的世界，有平原，有高山，还有峡谷，高度变化比陆地要大得多。

深海压力有多大

尼德·兰非常喜欢与阿龙纳斯教授交流，尼德·兰表示以自己多年的捕鲸经验来看，他并不相信有阿龙纳斯教授所说的海底巨型独角鲸存在。教授为了说服尼德·兰，例举出了实验数据，说明"水深3200英尺，要承受100个大气压；水深32000英尺，要承受1000个大气压。这就是说，如果人能够到达这个深度，身体每平方厘米就得承受1000公斤的重量"。这个重量会将人压扁，因而，巨型鲸一定有铁甲驱逐舰般坚实的躯体。

能压扁坦克

今天人类已能通过海底探险来增加对海洋的了解。在海洋中，随着深度的增加，海水的压力将逐渐增大。水深每增加10米，压力就增加1个大气压。因此，假如在马里亚纳海沟11000米的深处，海水的压力将达到1100多个大气压。

1100多个大气压有多大呢？例如，人们在7000多米的水下看到的小鱼来说，实际上它要承受700多个大气压力。这就是说，这条小鱼在我们人手指甲那么大小的面积上，时时刻刻都在承受着700千克的压力。这个压力，可以把钢制的坦克压扁。而令人不可思议的是，深海小鱼竟能照样游动自如。在万米深的海渊里，人们见到了几厘米的小鱼和虾。这些小鱼虾，承受的压力接近一吨重。这么大的压力，不用说是坦克了，就是比坦克更坚硬的东西，也会被压扁的。

美国的"的里雅斯特"号潜水器曾经下潜到马里亚纳海沟的底部，潜水器的外壳成功地经受住了1100个大气压的考验，也就是说，在人指甲盖大小的面积上承受了1000千克以上的压力。经过周密的计算，科学家认为：在那里，潜水器承受了15万吨的压力，这相当于两个半航空母舰的重量。而事实上，直径218厘米、壁厚87毫米的钢制潜水器，竟被海水的压力压缩了2个毫米，并导致油漆从潜水器上脱落。

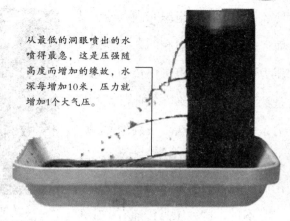

从最低的洞眼喷出的水喷得最急，这是压强随高度而增加的缘故，水深每增加10米，压力就增加1个大气压。

水的压强随着深度的增加而增大。

不难想象，陆地上的生命到了这样的海底还有生还的可能吗？可是，1960年1月23日，当皮卡尔父子乘坐"的里雅斯特"号潜水器下潜到马里亚纳海沟的底部时，却发现了一种眼睛微微突出，身体扁扁的鱼在游动，这种鱼长约30厘米，宽约15厘米。

深海鱼不会被压扁

潜水员曾在千米深的海水中见到过人们熟知的虾、乌贼、章鱼、抹香鲸等海洋生物；在2000～3000米的水深处发现成群的大嘴琵琶鱼；在8000米以下的水层，发现仅18厘米大小的新鱼种。而在万米以下发现鱼类还是首次，假如不是皮卡尔父子亲眼见到了腔棘鱼，只听其传言，会以为这是天方夜谭。那么，这些深海生物是如何经受住重重压力考验的呢？

原来，深海鱼类为了适应环境，它们身体的生理机能已经发生了很大变化，这些变化突出表现在深海鱼的肌肉和骨骼上。由于深海环境的巨大水压作用，鱼的骨骼变得非常薄，而且容易弯曲；肌肉组织变得特别柔韧，纤维组织变得出奇的细密。更有趣的是，鱼皮组织变得仅仅是一层非常薄的层膜，它能使鱼体内的生理组织充满水分，从而保持体内外压力相同，且体内外压力可以在一定范围内传递，这就是深海鱼类为什么在如此巨大的压力条件下，也不会被压扁的原因。就像一个瓶子，如果不盖盖子，无论放到多深的水中，都不会变形。

不过，这种压力传递有一定的范围和速度，所以深海动物大部分

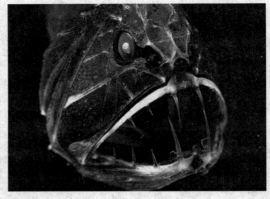

深海鱼分属十多个科，特征是口大、眼大，身体某一或某几部分有发光器。发光器既用于诱捕猎物，也用于引诱配偶。

一出水就会死去，因为压力减小会使其从内部涨开。同样，如果把它们突然送到更深的水里，也会因为压力增大而死去。

海水盐度之谜

在大西洋中的马尾藻海附近,阿龙纳斯教授和尼摩艇长探讨起了深海生物。尼摩艇长问起人类是如何解释深海生命存在的?教授回答道:"因海水含盐度和密度不同而导致的垂直运动的水流,所产生的运动足以维持海百合类和海星类基本生活的运动。"尼摩艇长对此表示赞同。那么,海水的盐度和密度究竟有多大呢?

又苦又咸

炎炎夏日,徜徉于蓝色的大海之中,可以说是最快乐的消暑方式了。但是,如果不小心被海水呛到,这种快乐的感觉就会大打折扣,因为海水的味道实在太糟糕了——又咸又苦!

要解开海水又咸又苦的秘密,方法非常简单——取部分海水化验一下马上就能够知道答案了。经过化验,发现海水中的氯化钠(盐)含量实在大得惊人:据科学家计算,全球海洋水中盐类总含量约5亿亿吨,体积有2200万立方米。这是一个什么概念呢?想象一下,如果把这么多盐类均匀地铺在地球表面,则有45米厚;如果把它们堆积到印度半岛上,盐层的高度甚至可以把世界第一高峰——珠穆朗玛峰完全埋没。

这么多的盐,最早来自哪里?在地球长达1000万年的强烈暴雨期,暴雨侵蚀了温度很高的岩石,使岩石中的矿物质分离出来,形成了水和盐的复杂溶液。在为数众多的溶解于海洋水的元素中,氯化物和硫酸盐含量约占盐类总含量的99%,其中氯化钠、氯化镁等氯化物又占4/5以上。氯化钠(食盐)味道发咸，氯化镁和硫酸镁味道发苦，所以海洋水不仅有咸味，也有苦味。

饮海水，"过咸死"

水是生命之源，当我们身陷绝境时，没有食物依然能够存活数天，可是当我们没有水源时，可能在1—2天内就会死亡。不过并不是所有的水都能救命的。据统计，在海上遇难的人员中，饮海水的人比不饮海水的死亡率高12倍。这是为什么呢？

氯化钠（盐）是人体所需的重要物质之一，它广泛地存在于人体的组织液与细胞中，但含量极低，细胞内外一般保持在0.9%以内。当人体的含盐量超出这个指数时，人们的身体就会以口渴的方式提醒，这就是我们为什么吃太咸会感到口渴的原因。这时，我们只要通过喝水，就可以稀释体内的盐浓度，通过汗液、尿液将多余的盐分排出体外，恢复到正常的含盐量，口渴的"警报"便立即解除。

海水虽然也是水，但它的盐分高达3.5%，喝了之后，人体中的含盐量就会大大增加。尤其是在遇难的情况下，没有淡水补充稀释进入体内的盐分时，体内的含盐量就会迅速增加。这时，为了维护体内盐度平衡，细胞就会不断往外渗出水分进行中和。为排出100克海水所含的盐分，细胞就要渗出将近150克的水分。所以，饮用了海水的人不仅补充不到人体需要的水分，反而会造成身体脱水，比没喝海水的人更快死亡。

含盐越多，浮力越大

我们已经知道，盐度越高，密度（单位体积内所含物质的质量）则越大。淡水的密度是1克/立方厘米，那么海水的密度是多少呢？海水比淡水咸，那么密度也应该比淡水大。测量表明，海水的密度通常在1.01000~1.03000克/立方厘米之间。

四大洋盐度表

海洋	表层平均盐度（%）	大洋中心最高盐度（%）
大西洋	3.54	3.79
太平洋	3.50	3.65
印度洋	3.48	3.6
北冰洋	<3.5	3.5

海水盐度是指海水中全部溶解固体与海水重量之比。世界各大洋表层的海水，受蒸发、降水、结冰、融冰和陆地径流的影响，盐度分布不均：两极附近、赤道区和受陆地径流影响的海区，盐度比较小；在南北纬20度的海区，海水的盐度则比较大。深层海水的盐度变化较小，主要受环流和湍流混合等物理过程所控制。

科学家们还发现，当温度降低或压力加大的情况下，海水的密度也会增加。换句话说，海水的密度随盐度、温度、压力的变化而变化。不过，我们通常所说的海水密度都是指15℃、一个标准大气压条件下的密度，并将这一条件下的密度称为标准密度。

我们不妨假设一下，如果有一艘轮船从长江口进入大海会有什么情况发生呢？很明显，无论是在长江还是在大海，同一艘轮船所需要的浮力（浮力等于物体所排开液体的重量）都是一样的，都等于它的重量，不同的是需要排开液体的体积不同。由于海水的密度稍大于淡水的密度，所以只要排开较少体积的海水就能获得同样的浮力，也就是说，轮船从长江进入大海时船体会略微上浮一些。所以轮船在海水中吃水要比淡水中少一些。

死海"不死"

说到"咸"，在阿拉伯半岛的巴勒斯坦与约旦、以色列之间，有一个"无敌咸海"，它能够使置身其中的人们，安全地漂浮在海面上，这就是死海。众多的海中，死海为什么会独具"神力"、能将人托起呢？

也许你已经想到了，这和密度有着不可分的关联。死海原是地中海的一部分，由于地壳运动，从地中海分离出来，成了一个与海隔绝的内陆湖。死海形

几乎所有来死海旅游的人都要体验一下在海中漂浮的滋味。

成的初期，浮力与普通的海域并无两样。

但由于特殊的地理位置，它的浮力逐渐增加——这个从海洋分离出来的湖，正处在灼热的沙漠地区，夏季平均气温可达34℃，最高达51℃，冬季也有14℃～17℃。气温高，就意味着蒸发量大，死海一年蒸发的水量可达1400毫米。死海的水分流失如此之大，可它的"收入"情况却很糟糕。

它主要通过两种途径获得新水源：其一，降雨，但这种方式很显然是"靠不住"的，据统计，死海地区的年降雨量还不到50毫米；其二，河流补充，注入死海的主要河流——约旦河，还同时供应着约旦和以色列的农业灌溉及生活用途等需求，因此能够流入死海的河水微乎其微，远远小于死海的蒸发量。长期的"入不敷出"，使得死海的水越来越"咸"（盐度约达23%～30%，普通海水为3.5%），密度也越来越大。直到死海的密度高达1.2～1.3克/立方厘米，而人体的密度约为1.0～1.1克/立方厘米，这时，死海就能将人"托举"起来了。

解密蓝色之谜

　　尼摩艇长热爱大海，把大海当作他的一切，一路上艇长都在和阿龙纳斯教授不停地研究和探讨大海。而在海上最平常、也是最美好的时刻就是欣赏海洋的壮丽景色。"海洋能吸收阳光中除蓝色以外的任何颜色，正在把蓝色的光线向四周反射。因此，大海被映成了令人叹为观止的靛蓝。"

海水与太阳光的"把戏"

　　从太空中看，地球是个蔚蓝色的星球，这是因为海洋占据了地球的绝大部分。究竟是谁赋予海水美丽的色彩？当我们掬一捧海水在手心时又会发现，看上去呈现蓝色的海水其实和普通的水一样——都是无色透明的。这种颜色的变化中到底蕴含着怎样的玄机呢？

　　海洋是个连绵不断的水体，它的水色主要由海洋水分子和悬浮颗粒对光的散射决定。但大洋中悬浮物质较小，颗粒也很微小，因此水的颜色更多地取决于海水分子的光学性质，它主要是海洋水对太阳辐射能的选择、吸收和散射现象综合作用的结果。确切地说，我们看到的蓝色，只是海水与太阳光用来迷惑眼睛的一场"把戏"，它并不能反映海水颜色的真实面貌。

　　平时，我们看到的灿烂阳光，是由红、橙、黄、绿、青、蓝、紫七种颜色的光合成的。七色光波长的长短不一，从红光到紫光，波长由长渐短，而波长越长，穿透力越强，越容易被海水吸收。在海水表层30～40米的深处，进入海水中的红、黄、橙等长波光线，几乎全部被海水吸收，而波长较短的绿、蓝

一望无垠的蓝色海洋

等光线，尤其是蓝色光线，则不容易被吸收，且会发生强烈的散射和反射。所以，人们见到的海洋就呈现一片蔚蓝色或深蓝色了。

你也许会问，紫光波长最短，散射和反射应当最强烈，为什么海水不是紫色呢？实验表明，人眼对紫光很不敏感，因此对海水反射的紫光"视而不见"。所以海水不呈现紫色，完全是因为人眼没有如实反映情况的缘故。

有时也呈绿色

细心观察，你会发现大海中的蓝色并不是统一的，近岸海水越浅的地方，蓝色也越浅。这是因为，除了散射、反射作用，海水呈现蓝色还与光程的长短有关。在水层较浅时，可见光中各种波长的光要"走"的路程很近，几乎都能透过，散射作用就不显著了。因此，近岸的海水和捧在手心里的海水看上去是无色透明的。

相反，当到达海下大约1300米深的地方时，可见光要"走"的路程太远了，即使海水很清澈，光线也将无法到达。因此，海水从1300米往下，除了具有发光器官的生物发出的光亮外，海洋深处一片漆黑。

而离岸边稍远些的海水看上去却是浅绿色的，这是为什么呢？因为在这些区域的海水颜色由水分子和悬浮颗粒物对光的散射决定。海水中悬浮颗粒物越多，而且颗粒越大，对波长短的蓝光与绿光散射越多，所以，近岸水域的海水颜色呈浅蓝或浅绿色。

海中"邮递员"——洋流

鹦鹉螺号在途经太平洋时，在海面以下五十米深处穿越了黑水流，即世界上第二大洋流——日本海黑潮，"这条暖流形成于孟加拉湾，在北太平洋划了一条圆弧线，以自己纯靛蓝色和暖和的水温与太平洋的波涛形成鲜明的对比"。除此之外，在海底的旅行中，鹦鹉螺号还经历了其他洋流，比如墨西哥湾流。

"水中之河"

"水中之河"说的是洋流。洋流又称海流，是指海水沿着一定途径的大规模流动，就像是海洋中的一条条"河流"，只不过由于它的"两岸"也是海水，而不是陆地等参照物，所以你很难觉察到它的存在。洋流路程之长令人惊叹，可从赤道启程，一直向极地前进，最后再返回赤道。而海洋中的动植物常常借助洋流进行免费的长途旅行。

洋流形成的原因有很多，但归纳起来不外乎两种：受海面风力的作用而成的风海流；受海水密度分布不均影响而成的密度流。

在陆地上，有时刮起大风来，人都会被风推着前进；在海面上也是如此，风吹着表面的海水向一个方向流动，就形成了风海流。需要指出的是，这里提到的风并不是普通的风，而是指在低、中、高纬度上形成的盛行风——信风（北半球东北风，南半球东南风）、西风、东风。不过，由于风的能量有限，一般只能带动大洋表面几百米深的海水，如南赤道海域表层海水，在东南信风的推动下，由东向西流动，形成南赤道暖流。

而相对风海流，密度流则是深层海水的运动。在正常情况下，海洋里上层水的密度比下层水的密度小，所以能平稳地处在海洋的表面。但是也由于暴露在表层，上层海水容易受到外界干扰而密度变大，从而下沉挤压下层水。受到挤压的下层水，只能"挤"向密度较低的相邻海域，就形成密度流。如红海位于热带沙漠区，蒸发旺盛，盐度大，密度高，所以红海底层海水经曼德海峡流向印度洋。

暖流和寒流

美国影片《后天》中描绘了这样一个可怕的场景：由于格陵兰和北极的冰山融化，大量淡水进入北大西洋，降低了其盐度，最终导致墨西哥湾暖流乃至全球海洋的热盐环流完全终止，赤道和低纬度地区因而停止向极地和高纬度地区输送热量，结果导致这些地方温度剧降，进入一个新的冰河时期。当然，这个场景是导演杜撰出来的。

不过，联系现实，它并不是没有发生的可能性。由于洋流可以分为暖流和寒流两种，若洋流的水温比到达海区的水温高，则称为暖流；若洋流的水温比到达海区的水温低，则称为寒流。一般由低纬度流向高纬度的洋流为暖流，由高纬度流向低纬度的洋流为寒流。寒流每到一处，可以吸收空气中的热量，起到降温的作用。而暖流，则会散发自身热量，对周围空气起到增温的作用。

那么，所谓的降温与增温的作用有多大呢？正如影片中所描述的那样，低纬度的墨西哥湾暖流终止，必然导致高纬度以上地区变得更加寒冷，甚至会进入冰河时期。与此同时，极地寒流的消失，也会让赤道高温得不到缓解，将出现炎热难忍的气候。因此可见，洋流扮演着调节地球表面热环境的重要角色。

你可知道，洋流除了有调节气候的重要角色以外，它还负责为人类的海上航行"导航"。蒸汽机发明之前，在洋面上航行的船只，主要都是依靠洋流前进的。因此，很多古老的航线都是由此制定的，如麦哲伦航线：从葡萄牙出

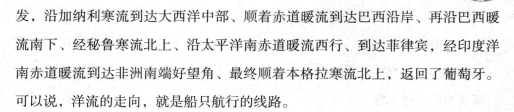

发，沿加纳利寒流到达大西洋中部、顺着赤道暖流到达巴西沿岸、再沿巴西暖流南下、经秘鲁寒流北上、沿太平洋南赤道暖流西行、到达菲律宾，经印度洋南赤道暖流到达非洲南端好望角、最终顺着本格拉寒流北上，返回了葡萄牙。可以说，洋流的走向，就是船只航行的线路。

黑潮暖流并不黑

前面我们提到，墨西哥湾暖流是世界上规模最大的暖流，对于维持地球热量平衡意义重大。那么，位居第二的是谁呢？答案是，日本黑潮，它仅次于墨西哥湾暖流，是全球第二大洋流。日本黑潮宽100~200千米，深400~500米，流速每小时3~4千米，流量相当全世界河流总流量的20倍。

也许你会问，黑潮是黑的吗？黑潮其实并不黑，只是由于所含的杂质和营养盐较少，阳光穿透过水的表面后，较少被反射回人们眼中，远看似黑色，因而得名。

黑潮还被人们称为"黑潮暖流"，这个名号又从何而来呢？黑潮自太平洋西部北赤道流转变而来，由于北赤道流受强烈的太阳辐射，蒸发强烈，因而，黑潮海流具有高温、高盐的特点。它的表层水温比较高。夏季在27℃~30℃，即使在冬季，表层水温也不低于20℃，它比邻近海水高5℃~6℃，因此得名。从卫星照片上看，颜色明显比两旁海水深。横穿黑潮航行的人，也能感

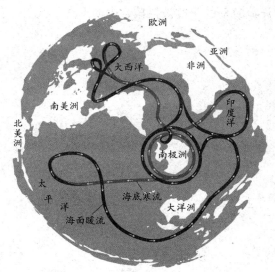

热盐环流又称温盐环流、输送洋流等，是一个全球洋流循环系统。这个系统的运作现况是：以风力驱动的海面水流如墨西哥湾暖流等将赤道的暖流带往北大西洋，暖流在高纬度处被冷却后下沉到海底，这些高密度的水沿着洋盆南下，在暖水海域得到加热后返回。一次热盐循环耗时大约1600年。

觉到这种与众不同的黑潮运动。

　　人们也将黑潮称为"日本海黑潮"，可见其对日本海作用的重要性。黑潮是从菲律宾以东海域开始转向，紧贴我国台湾省东部进入东海，沿冲绳海沟流向东北的日本列岛的。

　　经研究，人们发现，如果"黑潮"远离日本海岸，结果是沿岸的气温下降，寒冷干燥；相反，则使日本沿岸气温升高，空气温暖湿润。可见，高温高盐的黑潮水，携带着巨大的热量，浩浩荡荡，不分昼夜地由南向北流淌，给日本带来了雨水和适宜的气候。

　　同时，日本海黑潮还无私地耕耘着北海道渔场。由于黑潮暖流和千岛寒流交汇于北海道附近海域，使海水发生扰动，上泛的海水将营养盐类带到海洋表层，使浮游生物繁盛，进而为鱼类提供丰富的食料。另外，寒暖流交汇可产生"水障"，即交汇处洋流流速受到极大抑制，几乎停滞不前。从而使习惯于随洋流游动的鱼群被拦截，由此形成了天然"鱼仓"。

潮汐也疯狂

当鹦鹉螺号潜艇在托雷斯海峡搁浅后，阿龙纳斯教授和尼摩艇长因为涨潮能不能托起潜艇，意见产生了分歧。教授认为，应该减轻潜艇的负载让它尽快脱险，而尼摩艇长却固执地说："在托雷斯海峡，大潮和小潮相差1.5米。等到了望月，月亮不能把潮水涨得足够高，那才真的是怪呢！"还有五天就是望月了，潜艇是不是能够脱险呢？答案很快就能揭晓了。

太阳和月亮的"杰作"

尼摩艇长所期盼的大潮，确实是会出现的，这是海水在特定的日子出现的剧烈潮汐运动引起的。

在很早以前，人们就已经注意到了潮汐现象（潮水的周期性涨落现象），并对其产生原因提出各种遐想：有的认为是巨型海怪出入龙宫，有的认为是地球在呼吸……直到17世纪，科学家们才真正从科学的角度解释，潮汐是在地球自转离心力和天体（主要是月球和太阳）引力的合力，即引潮力的作用下形成的。

根据牛顿的万有引力定律，离地球相对较近的天体——月球和太阳，都会对地球产生引力。由月亮引起潮汐称为"太阴潮"，太阳引起的称"太阳潮"。比起月球来，太阳对地球的引力要强得多，但是潮汐的大小并不完全取决于引力强弱的绝对数值，而是主要取决于海洋和地壳所受的引力之差。太阳虽然具有强大的引力，但它离地球的距离比月球远得多，施于地球的引潮力只

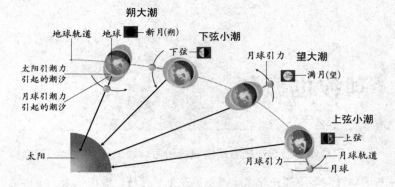

潮汐的起因示意图

　　地球由于受到月球（或太阳）的引力和因月球绕地球（或地球绕太阳）公转而产生的离心力合力称为引潮力。月球引潮力大约是太阳引潮力的2.17倍。海水在天体（主要是月球和太阳）引潮力作用下所产生的周期性运动就是潮汐现象。在朔望日，月球和太阳所引起的潮汐椭球其长轴方向一致，因之潮高相互叠加，形成朔望大潮。

有月球的1/2.17，因此，对于地球上的潮汐来说，太阴潮比太阳潮要强烈得多。因此，我们通常所说的潮汐，主要指的是太阴潮。

　　我们知道，地球每天24小时都在不停地自转，由此就会产生惯性离心力，使地球表面的物质"脱离"地球，包括海水。而在这24小时内，地球的每部分都会向月一次、背月一次。向月时，地球受到月球的引力最大，"脱离"地球表面的海水就会向月球移动，形成涨潮。与此同时，背月的那一面，由于距离月球的距离较远，海水受到的离心力大于月球引力，于是，大量的海水就会继续背对地球移动，形成涨潮。这就是为什么一天有早晚两次涨潮的原因。由于大量的水向地球面对和背对月球的区域移动，因此在两个涨潮区之间形成落潮现象。

　　在一个月中，当日、月、地三者呈90°时，即上弦月和下弦月期间，太阳引力就分散部分月球引力，出现当月最低的高潮和最高的低潮，也就是我们所说的"小潮"。但是，三者一线时，就形成"大潮"——出现当月最高的高潮和最低的低潮：太阳和月球同处于地球的一边（大约为农历初一，即新月），两者引力方向相同，并叠加共同作用在地球上，引发大潮；太阳和月球分别处

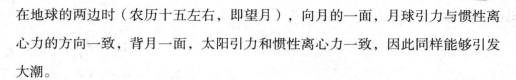

在地球的两边时（农历十五左右，即望月），向月的一面，月球引力与惯性离心力的方向一致，背月一面，太阳引力和惯性离心力一致，因此同样能够引发大潮。

"发电高手"

潮汐的涨落之间产生了巨大的潮差，这潮差给人类带来了一位"发电高手"——潮汐能。那么，潮汐能是什么，又是如何为人类发电的呢？

海水每天周期性地涨涨落落。涨潮时，大量海水汹涌而来，具有很大的动能；同时，水位逐渐升高，动能转化为势能；落潮时，海水奔腾而归，水位陆续下降，势能又转化为动能，人们把潮水具有的这些动能和势能，称为潮汐能。

在了解潮汐能是如何发电之前，我们首先应该知道什么是能量守恒定律，即：能量既不会凭空产生，也不会凭空消失，它只能从一种形式转化为其他形式，或者从一个物体转移到另一个物体；在转化或转移的过程中，能量的总量不变。比如：煤气燃烧消耗了化学能，但这些化学能并没有消失，它转化成了

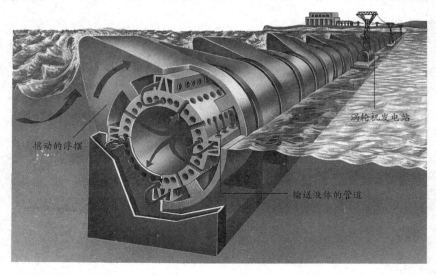

海浪摇动浮摆产生动力驱动水泵运转，水泵驱使液体流转动涡轮机发电。

光能和热能，也就是我们看到的火。

因此，所谓的潮汐发电，就是利用海水的势能和动能，通过水轮发电机转化为电能。人们在潮汐显著的海湾等有利地形，建筑水坝，形成水库，并在坝中或坝旁安置水轮发电机组。在涨潮时，将海水"拦截"在水库内，使水位上升，从而使海水具有了势能。落潮时，放出海水，水位降低，势能逐渐转化为动能。携带着动能的海水向下流动，推动水轮机旋转，从而带动发电机发电。

不过，因水力发电厂所发出的电力电压较低，要输送给距离较远的用户，就必须将电压经过变压器增高，再由空架输电线路输送到用户集中区的变电所，最后降低为适合家庭用户、工厂用电设备的电压，并由配电线输送到各个工厂及家庭。

周而复始的潮汐现象，使潮汐能成为取之不尽、用之不竭的可再生能源。在能源日趋紧张的今天，潮汐能可以说是大海给予人类的异常珍贵的礼物。

在一些水力资源比较丰富而开发程度较低的国家（包括中国），今后在电力建设中将因地制宜地优先发展水电。在水力资源开发利用程度已较高或水力资源贫乏的国家和地区，已有水电站的扩建和改造势在必行，配合核电站建设所兴建的抽水蓄能电站将会增多。

窥探大陆边缘

　　在太平洋底航行的时候，尼摩艇长给阿龙纳斯教授写了一封邀请信，请他到海底森林打猎。教授和尼德·兰穿上防水衣服随尼摩艇长漫步海底平原，欣赏海洋奇物。当他们走到100米深时，"海底开始陡峭起来"，一路走过，发现海底还在不断下斜，坡度也越来越明显，这里已经到了大陆边缘地带。直到他们走到150米深时，才开始返回。这是一次耐人回味又精疲力竭的远足。

大陆保护伞

　　人们总是习惯于用生命之源来赞美海洋，然而海洋也有自己恐怖邪恶的一面——淹没城镇、吞噬生命。海洋之所以能与人类和谐共处，这其实都要归功于一个鲜为人知的角色——大陆边缘。

　　大陆边缘是从海岸到大洋盆地（或称洋底）一段由浅渐深的过渡带，按照地质构造可分为稳定型和活动型两大类。稳定性大陆边缘，又可以进一步划分为大陆架、大陆坡、大陆隆三部分；而活动型大陆边缘，则分为大陆架、大陆坡、海沟三部分。那里是海洋资源最为丰富的地方，不仅生物种类、数量繁多，而且还蕴藏着大量的珍贵资源，如石油、天然气、煤、铁……

　　在了解大陆边缘的神奇作用之前，我们不妨先来做一个有趣的试验：

　　第一步，取两个同样的乒乓球，并给它们编上号：1号球和2号球。

　　第二步，将两球同时往外扔，1号球扔往平直的马路，2号球扔向上坡路。

　　猜猜结果会怎样？1号球落地后滚了好远才停下，而2号球还没爬到半坡就退了回来。这是因为水平运动的1号球在运动过程中，只受到与地面接触产生的摩擦阻力；而向上运动的2号球，除了受到摩擦阻力的影响，还受到自身重力的牵绊。所以，相比于1号球，2号球受到的阻力更大，能量耗尽得更快，从而迅速失去了前进的力量。这其实也是生活中为什么爬山比走路累的原因所在。

大陆边缘的神奇作用就在于它的"坡状"地形结构。以稳定性大陆边缘为例，当海水想要入侵陆地时，首先得翻山越岭——冲过大陆隆，越过大陆坡，翻过大陆架，等爬上岸时，能量早已经在"爬坡"中耗尽，也就无力向大陆进攻了。

海中"闹市"

在大陆边缘的三个区域中，最为繁华、热闹的要数大陆架了。据统计，目前已知的近23万种海洋生物中，有超过80%的生物都集中在大陆架区域。在这里，不仅有常见的鱼、虾、螃蟹，还有庞大的鲸鱼、嗜血的鲨鱼等等，可谓危机四伏。既然如此，海洋"居民"们为什么要冒着生命危险聚集于此呢？答案只有一个：为了食物！

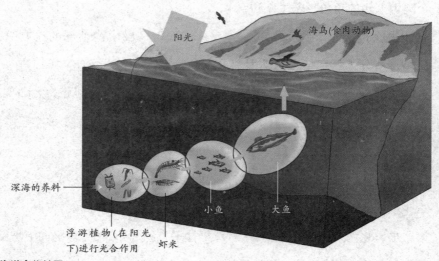

海洋食物链图

我们知道，在自然界的食物链中，处于最底层的是生产者——植物和一些化学合成细菌，有了生产者，就能招来食草动物，接着引来食肉动物……因此，哪里的植物多，哪里就会成为动物们的聚集地，在海洋世界中也是如此。而植物要生存，必须依靠光合作用：从环境中得到二氧化碳和水，在太阳光能的作用下合成碳水化合物，为动植物生命活动提供能源。

当阳光照射海面时，由于水分子对光线的吸收作用，阳光的强度容易减弱。即使是波长最长（穿透力最强）的红光，到达海下1000米左右也会被吸收掉，这时大海就会漆黑一片。而在深度200米以内的大陆架区域的阳光能够穿透海水，足以供应植物的生长。因此，大陆架能成为海中的"闹市"。

海中"闹市"还给人们带来了另一个恩赐——珍贵的能源。海洋"闹市"中生活着超过80%的海洋生物死后，逐渐沉入海底，它们的尸体经过长达几百万年复杂的演变，就会变成人类生活的重要能源，如石油、天然气、煤等等。大陆架内的能源贮藏量十分惊人，以石油为例，截至2005年，已探明的大陆架石油储量就达到了4550亿桶，占到了全球石油储量的1/3。如果按照我国的石油消耗量来估算，至少可供使用1000年以上。

永不停息的波浪

当阿龙纳斯教授一行人从海底平原的远足疲惫中恢复过来，已经是第二天了。尼摩艇长开始滔滔不绝地讲述他对海洋的研究，"今天风平浪静、温顺听话的海水，明天却有可能狂风肆虐、白浪滔天，足以把最坚固的船只抛入万丈深渊，砸得粉身碎骨"。不过，尼摩艇长表示，这种变幻莫测的海洋才充满挑战，才是他的天堂。

风生水起

小到一圈圈的涟漪，大到汹涌翻腾的波涛，都被称作"波浪"。波浪是海水运动的重要形式之一。引起波浪的原因多种多样，如海底地震、海底火山、日月引潮力、风等。其中由风引起的波浪，即风浪，是最主要，也是最常见的。

所谓"风生水起"，说明风浪是在风的作用下产生的，那么风是如何产生浪的呢？

这个问题看似简单，实际上包含着两个方面的问题：一个是风的能量怎样传递给水，并且生成最初的风浪；另一个是进入风浪里的能量在波浪运动中如何重新进行分配。

简单地说，风就是空气的流动，是在水平气压梯度力的作用下产生的。在某个固定的区域，空气越充足，这个区域的气压就越大，反之则小。我们把在同一水平面上，两个区域间的气压差叫作气压梯度。只要存在着气压梯度，就产生了促使大气由高气压区流向低气压区的力，这个力就是水平气压梯度力。

这就意味着，风使得局部水面受压而产生波动。风浪一旦产生，风力便可以直接发生作用，浪就会继续增长。

风很弱时，海面保持平静，当风速达到一定速度时，海面就开始出现毛细波。毛细波的波长很短，波高很小，可以把这种波看成是海面上的皱纹，它只存在于海面很薄一层水面上。风再继续吹刮，促使毛细波的波长和波高增大，变成重力波。风的能量借助于气流和海面的摩擦作用，可以直接施加在波浪的迎风坡上。当风速大于波速时，波浪始终受到风的压力作用，风的能量不断地输入水体，使风浪的波高和波长不断增大。尤其在风速为波速的3—4倍时，波浪吸收的能量最强，波高和波长增长得最快，逐渐形成较大的风浪。随着风浪的增大，波的速度也相应增大。直到波速等于风速时，波浪才不再从风那里接受能量，风浪停止发展，这时候的浪也就是在这种风速下的最大浪了。

无风何来三尺浪

我们知道，风浪是在风的作用下形成的，并有"无风不起浪"一说。然而，令人不解的是，在一些风和日丽的时候，海面上也会出现很高的海浪，有时候甚至高达六七米。这是怎么回事呢？

当海面上的风停止后，海水将不能从风那里继续获得"推力"——能量。但是，风浪在形成过程中所获得的能量，此刻还没有完全利用完。残余的能量会继续向前传播，甚至到达很远的无风区，直到能量耗尽，浪才会停下来。据调查，北太平洋加利福尼亚西南沿岸，夏季缓缓有力拍打在岸边的浪，竟是由10000千米以外的南极大陆附近的大洋风暴产生的波动传播而来的涌浪所致。这就是为什么无风也能看到浪的原因。这种浪，被称为"涌浪"。

值得一提的是，涌浪传播能量的速度非常惊人，至少100米/秒。而速度最快的风，即17级台风的移动速度，也只不过是每秒50～60米。如果平静的海面上突然出现涌浪，并且势力逐渐增大，那么很可能意味着风暴正朝着这个方向袭来。因而，人们也将涌浪称为"先行涌"。

夏威夷盛产巨浪

远海区的滔天大浪是船只航行的天敌，人人避而远之。然而，当这些巨浪传播到近岸，形成近岸浪，并以更疯狂的形式出现时，却大受冲浪爱好者的青睐。夏威夷就是这样一个以"巨浪"闻名于世的旅游地，这里的近岸浪常常高达十几米，能够为冲浪者提供最广阔的舞台。

夏威夷之所以"盛产"巨浪，首先和它优越的地理位置是分不开的。夏威夷位于太平洋上，是海底火山露出水面的部分，四面临海，因此常年有源源不断的涌浪从洋面上传播过来，为近岸浪的形成提供了能量保证。

另外，夏威夷海岸的结构也极为奇特：海岸外沿与普通的海岸相比，多出了一条宽从数米到数千米不等、厚度从30米到300米以上的岸礁，因此更加陡峭。当涌浪传播到夏威夷近岸时，就会受到岸礁的阻挡产生反作用力，被"反弹"回海洋。但是与此同时，后浪却还在不断向前涌，将反弹回来的前浪又"挡"了回去。就这样，两股相反方向的波浪相互搏击，谁都不愿让道，于是在海岸附近造成了"交通拥挤"的局面。而继续到来的海浪，一浪推一浪，一浪叠一浪，越叠越高，最终形成巨浪。

第三章
和"阿龙纳斯教授"一起观看
海洋生物

特别的"五官"

初入潜艇，阿龙纳斯教授一行三人被囚禁在潜艇中的小屋子里，教授感觉小屋里氧气不足了，"呼吸变得困难起来"，不久，新鲜空气注入后，教授证实了这个浮动的住所"像鲸一样，仅仅浮出水面呼吸，每隔24小时换一次空气"。浮出水面的鲸用鼻子换气时，会在海洋上形成壮观的"喷泉"。充满神秘的海洋世界里，还有许多动物拥有特别的"五官"……

鲸的鼻子会喷水

茫茫的大海之中，如果突然看到一股水柱从海面腾空而起，升至几米甚至十几米高，然后四散开来洒落在海面，激起阵阵水花，如同喷泉一样壮观，同时还能听到火车汽笛一般响亮的声音，这个时候，不要惊奇，因为你所看的很可能是鲸在呼吸。

不同种类的鲸，喷出的水柱各不相同。体型小的鲸喷出的水柱并不明显，体型大的，比如灰鲸，其水柱较粗，有三米之高。

人类的呼吸往往是"悄无声息"地进行着的，就连我们自己如果不刻意注意，也不会察觉得到。而鲸则不同，正如你在海面看到的，它的动静非常的大。那么，为什么鲸呼吸的威力这么惊人呢？

同其他哺乳动物一样，

鲸用肺来呼吸。它的鼻孔长在脑袋顶上，俗称喷气孔。每当要呼吸的时候，它就会浮出水面，用头顶的鼻孔吸足了空气，然后再潜入水中。鲸的肺很大，如座头鲸的肺重约1500公斤，肺内可装上15000升的空气。这样大的肺容量，对鲸来说有很大的好处，它可以不必经常浮在海面上呼吸空气了。但是潜水时间也不能太长，一般过了十几分钟，还是需要露出水面透透气的。换气时，它先要把肺中大量的废气排出来。一万多升的空气同时释放出来，产生的压力可想而知。由于强大的压力，喷出时发出很大的声音，有时竟像小火车的汽笛声。强有力的气流冲出鼻孔时，也会把海水带到空中，在蓝色的海洋上即出现了海中的喷水柱。当鲸在寒冷的海洋里呼吸时，呼出的气流遇到外界较低的气温就化成水汽，会形成一股美丽的喷泉，称为"喷潮"，远远看去，非常美丽。

各种鲸喷出的水柱，其高度、形状和大小不同。专家们不但能从远处根据喷水发现鲸类，还能判别鲸的种类和大小！

章鱼眼似人眼

在广袤的大自然中，几乎所有的软体动物都是色盲，它们中的大部分眼睛已经退化了，但有一种动物例外。这种动物不仅具有发达的双眼，更奇的是，这双眼和人眼十分相似，甚至连"眼神"都很相像。这种长着"人眼"的动物正是在海洋中鲜有对手的章鱼。

说起章鱼来，人们最先想到的就是它那八条灵活且极具杀伤力的触腕。确实，章鱼的触腕不仅布满强有力的吸盘，还分布有全身三分之二的神经系统，极度灵活，但要和眼睛比起来，触腕还是略逊一筹。

章鱼的眼睛很大，圆鼓鼓的，长在身体前方，呈对角状。就结构来说，章鱼的眼睛和人眼并无太大的区别，前面有角膜，周围有巩膜（眼球外围的白色部分，俗话叫作白眼仁，结构坚韧，有一定的弹性，具有保护作用），还有一个发达的晶状体、两个充满液体的腔和一个可以感光的视网膜。不过，人眼对不同距离物体的焦距调节是以改变晶状体的曲度来完成的，而章鱼则是通过调节晶状体与视网膜的距离来聚光，如同转动照相机镜头一样。另外，章鱼的眼睑闭合时也与人眼不同。章鱼的眼睑有环形肌肉，闭眼时如同照相机的镜间快门一样，将眼掩盖起来。

如果说章鱼眼睛的结构奇特，那么它的功能就更加奇特了。在海洋中，还没有什么动物的眼睛可以和章鱼的相媲美。章鱼眼睛的视网膜上有丰富的感光细胞，这让它不仅能在极暗的环境下辨别周围环境，还可以敏锐地分辨颜色，这点甚至要胜过一些哺乳动物，如猫、狗、牛等，因为它们都是色盲。除了强大的视觉外，章鱼还会利用眼睛来指挥触腕从事不同工作。

比目鱼两眼同侧

一般鱼类的两只眼睛都是对称地长在头的左右两侧的，但是比目鱼却与众不同，它的双眼长在身体的同一侧，因此古人误以为比目鱼只有一只眼。

比目鱼确实是一侧有眼、一侧无眼的怪鱼，但并非只有一只眼，而是两只眼贴近在一边，这和它的生活习性有关。比目鱼喜欢侧卧在海底生活，这样一来，贴着海底那边的眼睛就没有用了，久而久之，就进化成了现在这副模样。

不过，比目鱼的眼睛并非天生就长在身体的同一侧，刚出生的比目鱼完全不像父母，倒跟普通鱼类很相像——身体左右对称，眼睛也端端正正对称地长在头的两侧。它们生活在水的上层，常常在水面附近游动。但二十多天以后，它们长到一厘米的时候，奇怪的事情就发生了。它一侧的眼睛竟然"搬"起了家，通过头的上缘逐渐向对面移动，直到跟另一只眼睛接近时，才停下来。接着，那只移动的眼睛周围长出眼眶骨，这只眼睛就彻底固定下来而不再移动了。比目鱼的头骨是软骨构成的。当比目鱼的眼睛开始移动时，比目鱼两眼间的软骨先被身体吸收。这样，眼睛的移动就没有障碍了。

眼睛移动的同时，比目鱼的背鳍也向前生长，当一边的眼睛移动越过头顶

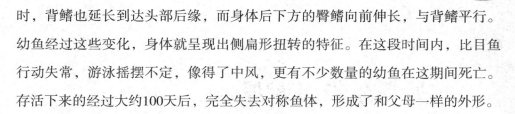

时，背鳍也延长到达头部后缘，而身体后下方的臀鳍向前伸长，与背鳍平行。幼鱼经过这些变化，身体就呈现出侧扁形扭转的特征。在这段时间内，比目鱼行动失常，游泳摇摆不定，像得了中风，更有不少数量的幼鱼在这期间死亡。存活下来的经过大约100天后，完全失去对称鱼体，形成了和父母一样的外形。

剑鱼有张"刀子"嘴

有种鱼被称为游泳冠军，常被人们误认为是鱼雷，发怒时会疯狂撞击船只，常常攻击大型的水生生物，就连鲸也不放在眼里，它就是凶猛的剑鱼。剑鱼的上颌又尖又长，约占全长的三分之一，活像一把锋利的宝剑，直插向前。

剑鱼是一种大型的掠食性鱼类，全长可超过五米，体重可达五百公斤。剑鱼的捕食方法很特殊。当它闯进鱼群时，就将身体放扁，从水中跃起，经过几次跳跃之后，多数鱼均被震昏了，这时候，它又以闪电般的速度，"端"着嘴上的利剑，在鱼群中横冲直撞，刺死刺伤这些鱼，最后再享用它们。它还常帮助鲨鱼围攻鲸，用长剑直刺鲸的要害部位。

剑鱼肉味鲜美，可是不易捕到，因为各种网具都不好使，只能用鱼叉。而受伤的剑鱼会潜入海底，像怀着怒气报仇似的，猛地冲上来刺穿或打翻渔船。所以捕捉剑鱼很冒险，必须做好充分的准备。

剑鱼是价值较高的经济性鱼类，肉鲜红，肝含丰富的维生素。我国台湾渔民用镖枪捕之，南海西沙群岛渔民用延绳钓捕获。

另类牙齿面面观

当阿龙纳斯教授一行人没有见到鹦鹉螺号潜水艇的真面目时，教授认为它是一头巨型独角鲸，甚至将它想象得非常可怕"一般的独角鲸身长通常只有60英尺，将这一长度加大5倍，甚至10倍，这便成了我们讨论的这个动物"。事实上，独角鲸的"独角"是一根钢铁般坚硬的大牙，"它能够戳穿一只轮船的船壳"，可见，这是一颗集聚力量和硬度的牙齿。在海洋动物中，各具特色的牙齿还有许多，让我们领略一下。

独角鲸"角"力杰出

独角鲸是世界上最神秘的动物之一。它们生活在北极水域。直到今天，人们对这海洋独角兽仍知之甚少。独角鲸，又叫一角鲸。所谓的"角"，其实是一颗突出口外的长牙，这也是独角鲸最显著的特征。这颗长牙一般只有雄性独角鲸才有。但偶尔，雄性独角鲸会长两颗长牙，小部分的雌性独角鲸也有长牙。独角鲸的长牙，最粗的比得上街灯柱，长度可能超过成人身高。

值得一提的是，独角鲸的长牙是世界上唯一的直线型长牙，其他动物的

独角鲸主要捕食远洋鱼类（特别是鳕鱼）、鱿鱼、虾以及底栖生物等。

长牙都是弯曲的。另外，它的牙齿还是唯一的螺旋形牙齿。左齿从下颚中长出来，螺旋前进穿过嘴唇。独角鲸的巨齿可长到2.7米或者更长，而成年雄性独角鲸的身长也不过4.6米，真是令人难以想象。

独角鲸的长牙到底有什么用，科学家们莫衷一是，逐渐衍生出很多理论。观察发现，雄性独角鲸会以长牙互相较量，不论在水中或海面上，发出的声音就像两根木棒互击。年轻的雄鲸经常嬉戏打斗，但很少刺戳对方。最强的雄鲸，通常也是长牙最长、最粗者，可以与较多的雌鲸交配。这些现象说明独角鲸的"地位"与其长牙有关。也有人认为，独角鲸相互触碰牙齿，那并非是一种暴力表现，而可能是一种沟通方式。还有人认为独角鲸会用巨齿刺破冰层进行呼吸，或是刺穿猎物，但至今没有找到相关证据。

利用扫描电子显微镜，科学家从独角鲸的长牙中找到了牙管，牙管这种结构几乎所有牙齿里都有（包括我们人类）。牙管是细胞生长过程中的残留物，将数以百万的神经从牙齿中枢神经与牙齿外层全都连在一起。

人类口腔中的牙管对过冷的东西十分敏感，这些牙管通常会被牙釉包裹，只有不经意暴露出来时，我们才会感到不舒服和疼痛，比如说出现蛀牙。但独角鲸的牙管却穿透牙齿的最外层，直接暴露在外界，感受着北极的寒冷。想象一下，如果你的牙神经全都暴露在北极的冰冷水域中，那该是个什么感觉？为什么独角鲸牙齿的敏感部分会在外侧呢？有科学家认为独角鲸的长齿类似于感应器。分布在外面的敏感神经可以感应水压、水温和盐度。当独角鲸浮在水面时，还可以检测气压。既然长齿对独角鲸的生存如此重要，那为什么雌性却没有呢？目前我们还不得而知。

大白鲨牙齿数以万计

大白鲨所享有的威名举世无双。作为大型的海洋肉食动物之一，大白鲨有着独特冷艳的色泽、乌黑的眼睛、锋利的牙齿，这不仅让它成为世界上最易于辨认的鲨鱼，也让它成为极有震撼力的"封面明星"。大白鲨的秘密得从牙齿说起。

我们人类的牙齿，是在小时候成长和更换，长大以后就不能再更换了。而且如果更换，是先前的脱落了，牙床上再慢慢长出新牙。大白鲨可与我们不同。大白鲨的血盆大口中，不像其他海洋动物那样，只有恒定的一排牙齿，而是有好几排牙齿。最外排的牙齿真正起到作用，其他几排都是"仰卧"着备用的，好像屋顶上的瓦片一样彼此覆盖着。一旦最外排的牙齿发生脱落或磨损时，在里面一排的牙齿就会向前面移动，用来补充替换"下岗"的牙齿。同时，较大的牙齿还要不断取代较小的牙齿。在任何时候，大白鲨的牙齿大约都有三分之一处于更换过程中，我们可以假想那就像坦克的履带一样是循环流动的。总之，大白鲨是要时刻保持牙齿的健康、锋利，大白鲨的一生常常要更换数以万计的牙齿。

大白鲨的牙齿，不仅锋利无比，而且强劲有力。有人曾将金属咬力器藏在鱼饵中，用来测定一条体长2.5米的鲨鱼的咬力大小，结果其咬食压力高达每平方厘米3000千克。由此来看，有些商轮在航海日记上所记载的轮船推进器被鲨鱼咬弯、船体被鲨鱼咬破的事故，也就不足为奇了。

海象长牙能"翻地"

海象身体庞大，体长3～4米，重达1300公斤左右。生活在北极圈内，它的身子又厚又皱，仿佛穿着皮袄，脑袋扁平，脸上长满刷子般的胡须，有四只肉乎乎的鳍状的脚，一对小眼睛埋在皮褶里面。成年海象最突出的特点是从嘴角伸出的长牙，每根达70到80厘米，重达4千多克。生存在缺少食物的冰雪世界里，这长牙又有什么用呢？

原来，长牙重要的用途是用来挖掘海底，以获得食物。海象是用肺呼吸的哺乳动物，它在潜入大海挖掘海底之前，必须先在水面上舒展呼吸，肺里吸足

海象的长牙是自上颚长出的犬齿，如象牙般，一生都长个不停。

了新鲜空气后，垂直地潜入海底，紧接着便开始"翻地"。

海象挖土很有特色，它将整个长牙插进土里后，或是在原地有力地运动脖子，像是在用"铁锹"铲地，或是用力向前推进，像是老牛耕地。当它们用长牙翻开土层时，周围便泛起一团团泥沙，蛤蜊等从泥土中被掘了出来，它们用前鳍脚将食物收集在一起，其中还夹带大量泥沙，然后携带着浮上海面，用鳍脚来回揉搓，将介壳搓得粉碎。而后海象松开双脚，残碎的介壳就和肉分离出来，竞相向海底沉去。清除了介壳的净肉下沉很慢，海象很娴熟地将它吞进肚里。

翅膀有绝活

　　鹦鹉螺号一般是在印度洋底100米到200米深处游弋。因而，阿龙纳斯教授一行人见到了大量水鸟，有"长翼类的信天翁，飞行速度极快的军舰鸟"等等，它们都是"从各个陆地上来的、作长途飞行的海上水鸟"，对于它们来说，飞行几千米都只是兜个圈的功夫而已。如此高超的飞行能力，自然要求翅膀以轻巧取胜；而深入到海底，也存在一种以"翅膀"取胜的鱼类——蝠鲼（蝙蝠鱼）。

蝠鲼"双翅"威力大

　　第一次见到蝠鲼的人总会因它长相古怪，而很难将其与正统的鱼类联想到一起。它身材扁平，就像只蝙蝠，拖着一条长而尖的尾巴，挥舞着"翅膀"遨游在大海中。相传蝠鲼时常会跃出海面，出水跳跃时还可能撞翻船只。在海洋中，如果潜水员碰到蝠鲼要格外小心，倘若被它巨大有力的"双翅"碰到，就算不死也得重伤。这些有关"魔鬼鱼"的传闻令人恐惧，它真的是"水下魔鬼"吗？

　　其实，这种古老的鱼类早在中生代侏罗纪时便出现在海洋中了。1亿多年间，它们的体型几乎没有发生什么变化。它们不像传统鱼类那样具有纺锤形的身段，它们没有背鳍，其宽大的三角形胸鳍和圆盘一样的身体构成了巨型扁片状躯体，宛若一只"海中风筝"。巨大的胸鳍在形态和功能上与鸟类的双翼相似，两片胸鳍间的距离称为"翼展"，即为体宽，长度大于其体长。

　　蝠鲼有一张50厘米宽的大嘴，它们主要以浮游生物和小鱼为食，经常在珊瑚礁附近巡游觅食。在它的头上长着两只肉足，是它的头鳍，头鳍翻着向前突起，可以自由转动。它缓慢地扇动着"大翼"在海中悠闲游动，用这对头鳍来驱赶食物，并把食物拨入口内吞食。由于它的肌力大，所以连最凶猛的鲨鱼也不敢袭击它。

腾空跃出海面的蝠鲼。

蝠鲼是鳐鱼中最大的种类，虽然生性温和，但在受到惊扰的时候，它的力量足以击毁小船。它的个头和力气常使潜水员害怕，因为一旦它发起怒来，只需用它那强有力的"双翅"一拍，就会碰断人的骨头，置人于死地。它的"魔鬼鱼"之名也许正是因此而来。

飞鱼海面"滑翔"

在深蓝色的海面上，突然跃出了成群像鸟儿一样会飞的鱼，景象十分壮观。有时候，它们在飞行时竟会落到轮船的甲板上面，使船员收获意外之喜。这就是闻名遐迩的飞鱼，它们是引人注目的海洋"飞行家"。

飞鱼长相奇特，胸鳍特别发达，长度相当于身体的三分之二，看上去像鸟类的翅膀，并且一直向后延伸到尾部，整个身体像织布的长梭。它凭借流线型的优美体型，在海中以每秒10米的速度高速运动。它能够跃出水面十几米，空中停留的最长时间是40多秒，飞行的最远距离有400多米。

那么，飞鱼真的会飞？更确切地说，飞鱼的"飞行"其实只是滑翔而已。每当它准备离开水面时，必须在水中高速游泳，胸鳍紧贴身体两侧，像一只潜水艇稳稳上升。接近水面时尾部用力拍水，整个身体好似离弦的箭一样向空中射出，飞腾跃出水面后，打开又长又亮的胸鳍与腹鳍快速向前滑翔。它的"翅膀"并不扇动，靠的是尾部的推动力在空中做短暂的"飞行"。飞鱼尾鳍的下半叶不仅很长，还很坚硬。所以说，尾鳍才是它"飞行"的"发动器"。如果将飞鱼的尾鳍剪去，再把它放回海里，因为没有像鸟类那样发达的胸肌，又被剪去了提供动力的尾鳍，飞鱼再也不能腾空而起。

信天翁踏浪而飞

信天翁是滑翔能手，它们能应付各种各样的气流变化，长时间地停留在空中，甚至几小时不扇动一下翅膀，甚至可以一边飞翔，一边睡觉。更厉害的是，在遭遇令人胆战心惊的海洋风暴时，信天翁却能驾驭长风进行搏击。

它们可以在海面上踏浪起飞，当浪涛滚来，它们展开双翅，用蹼脚快速踏浪，利用浪涛带来的上升气流升空。升空后，它们平展双翅，顶风飞行，靠风的力量上升。通过低速空气层时，它们平展双翅，保持高度，进行水平滑翔，速度很低。在接近水面时，它们利用身体和水面间的气流垫，使身体像皮球一样弹起，再次升高。凭借高超的滑翔本领，信天翁可在空中漂泊很长的距离。随便在空中兜个圈子，就是2000到3000米，在短短的一个小时内，可以横越113千米的海面。

当然，如此高超的滑翔本领，跟它们的身体结构是分不开的。它们的翅膀又长又窄，最大的信天翁翼展可达3.4米，而宽度却只有0.5米。可以说，信天翁就是一架设计极合理的滑翔机。但由于适应滑翔飞行和海中生活，它们的脚相对来说很不发达，很短。因而，在陆地上活动时它们显得十分笨拙，有些人把它们称作"笨鸥"。几乎所有的信天翁在陆地上都不能即时起飞，它们要在平坦的地面上助跑一段距离才能起飞。或者，它们用嘴作钩，爬到高处的岩石或树上，在一定高度上滑下。所以多数信天翁会选择易于起飞的地点着陆，它们一般选择悬崖峭壁的边缘作为落脚点。

军舰鸟空中抢劫

在浩瀚无垠的热带海洋上空，有时可以看到一种巨大的黑色海鸟，它们在飞行中抢夺其他鸟类口中的食物，它就是"空中强盗"——军舰鸟。100多年之前，著名的博物学家约翰·詹姆斯·奥杜邦在观察军舰鸟时，曾记录道："我认为这种海鸟具有比其他任何鸟类都高强的飞行能力。"这是他把军舰鸟跟飞行能力极强的猎鹰比较之后得出的结论。

军舰鸟是一种较大型的热带海鸟，身体长75～110厘米，翅长而强，双翅展开可达2米左右。它们全身羽毛黑色，嘴很长而且有钩，尾是叉形的，像两把对插的利剑。当雄军舰鸟要吸引雌鸟的注意力时，它会把咽部充满气体，形成一个色彩鲜艳的大气囊。它们直挺挺、胖乎乎的样子可爱十足。不过，样貌可爱的军舰鸟可是恶名在外的"空中强盗"。凭借着出色的飞行能力，它在浩瀚无垠的热带海洋上空，抢夺其他鸟类口中的食物。

军舰鸟飞行疾速而敏捷，捕食时的飞行时速可以达到400千米，是世界上飞行速度最快的鸟类之一。而且，它飞行的耐久力也很强，是非常出色的远距离"飞行家"；飞行高度可达1200米左右，还常常飞到1600千米以外去觅食，最远处可达4000千米。这是因为它主管飞行的胸肌和飞羽都非常发达，几乎占体重的一半。

它常常展开狭长的翅膀，在天空气流的漩涡内或翻转，或盘旋上升，有时直冲1000多米的高度，再迅速地由空中直线下降。如果遇到12级的飓风，其他鸟类早已被吹得晕头转向，可是军舰鸟却能在狂风中旋转而下，安然降落，不受任何损害，以绝对飞行优势成为海鸟中的佼佼者。

军舰鸟展翅飞翔。

护体"外衣"妙处多

　　鹦鹉螺是一种极其精巧的海洋动物，螺壳的吸排水方式控制着鹦鹉螺在水中的升降，因而，它能够在海洋中自由浮沉，这给潜水艇的设计带来了很大的灵感，我们不禁要赞叹鹦鹉螺的巧妙。因而，尼摩艇长的潜艇命名为鹦鹉螺号也不无道理。海洋中聪明的动物比比皆是，鲫鱼、寄居蟹和北极熊适应生存形成的护体"外衣"也极为巧妙。

鹦鹉螺浮沉自如

　　鹦鹉螺一般生活在50到300米深的海洋中，以底栖的小蟹、小虾等甲壳类动物幼体为食。它们能够以漏斗喷水的方式"急流勇退"。在暴风雨过后，海上风平浪静的夜晚，鹦鹉螺还会惬意地浮游在海面上，贝壳向上，壳口向下，头及腕完全舒展。它或浮或沉，游刃有余。这要归功于它那精巧的螺壳构造。

　　鹦鹉螺的外壳由横断的隔板，分隔出三十多个独立的壳室，最后一个壳室体积最大，它的躯体居于其中，所以叫作"住室"。其他的壳室，体积较小，可贮存气体，叫作"气室"。当它的软体不断成长，壳室也周期性向外侧推进，在外套膜（软体动物由背侧皮肤褶壁向下延伸形成的结构，包裹着内脏团和鳃，有时连足也包在里面）后方则分泌碳酸钙与有机物质，建构起一个个崭新的隔板。每个隔板中间有小孔，由串管将各壳室联系在一起，得以输送气体到各壳室之中。气室中气体的调节，能使它在海中浮沉。研究认为，鹦鹉螺通过串管的局部渗透作用，缓慢地排除壳室内的液体，使身体的重量减轻而上浮，随后周围的压力又将海水压回到壳室，使身体的重量增加而下沉。

鹦鹉螺的气室由小到大顺势旋开。

人类模仿鹦鹉螺通过排吸水而浮沉的方式，制造出了第一艘潜水艇。1954年世界第一艘核潜艇"鹦鹉螺"号诞生，"鹦鹉螺"号总重2800吨。整个艇体长90米，航速平均20节，最大航速25节，可在最大航速下连续航行50天，全程3万千米而不需要加任何燃料。与当时的普通潜艇相比，这艘潜艇航速大约快了50%。

鲫鱼头顶吸盘周游世界

鲫鱼广泛分布于世界热带、亚热带和温带海域。一般体长220～450毫米，最大的将近一米长。它的头顶上长着一个类似于印章的椭圆形印子，因此也叫作印头鱼。鲫鱼常常把这个印子吸附在鲨、鲸等动物的腹面，这样，它就能随着它们在海洋中毫不费力地旅行了。因此有人说它是海洋里的"免费旅行家"。

鲫鱼为什么要免费旅行呢？这是因为鲫鱼游泳能力较差，得靠头部的吸盘，吸附于游泳能力强的大型鲨鱼或海兽腹面，才能被带到世界各海域觅食。鲫鱼的主要食物为浮游生物和大鱼吃剩下的残渣，有时也捕食一些小鱼和无脊椎动物。当到达饵料丰富的海区，它便脱离宿主，摄取食物。然后再吸附于新的宿主身上，继续向另外的海区转移。

为什么鲫鱼有这样的本领呢？这和它的独门"外衣"密切相关。鲫鱼本身有两个背鳍，第一个背鳍变成了一个椭圆形的吸盘，在这个吸盘的周围，有一圈薄而富有弹性的膜。如果碰到了海龟，碰到了大船的底部，或者是碰到了鲨鱼的腹部，鲫鱼就会很快把吸盘中的水挤掉，使之成为一个真空的"小屋子"，这样利用海水强大的压力，吸盘周围的膜就能吸附在各种各样的物体上了。

有时鲫鱼会钻进旗鱼、剑鱼、翻车鱼等大型硬骨鱼的口腔或鳃孔内。鲫鱼这种行为不但可以避开敌害的攻击，而且还可在"主人"身体内找到一些食物碎片充饥，真可谓一举两得。

有趣的是，渔民还利用鲫鱼强有力的吸附特性，将它做成鱼钩，来捕获海中的珍贵动物。渔民先把它的尾部穿透，用绳子穿过，为了保险，再缠上几圈系紧，拴在船后。一旦遇到海龟，他们就往海里抛出几条鲫鱼，不一会儿，这几条鲫鱼就吸附在大海龟的身上，这时渔民小心地拉紧绳子，大海龟连同鲫鱼就到船舱里了。这没有什么惊奇的，用鲫鱼甚至还能捕到更大更危险的鱼类，比如说大鲨鱼。

寄居蟹白住"贝壳屋"

在海边的小水湾里，经常会看到有一种既像小虾，又像小蟹的动物，它背着螺壳在水里或岩石上爬来爬去，一受到惊吓，就立刻把身子缩进壳里，这就是寄居蟹。世界上现存500多种寄居蟹，绝大部分生活在水中，也有少数生活在陆地。

寄居蟹为了生存，可以说是煞费苦心。它们没有虾类的敏捷的游泳能力，也不具备蟹类的坚硬甲壳，为了防御侵害就必须想办法躲避，就寄居在已经死亡的软体动物的壳中——螺壳就成了它的天然保护所。

寄居蟹的身体很适合居住在螺壳里。它的腹部十分柔软，它

寄居蟹找到适合自己尺寸的贝壳后，就钻进里面，只留下几条腿和头部在贝壳外面。寄居蟹的身体很柔软，通常可以很灵活、很容易地把身体扭进贝壳内。

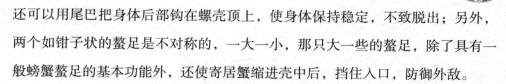

还可以用尾巴把身体后部钩在螺壳顶上，使身体保持稳定，不致脱出；另外，两个如钳子状的螯足是不对称的，一大一小，那只大一些的螯足，除了具有一般螃蟹螯足的基本功能外，还使寄居蟹缩进壳中后，挡住入口，防御外敌。

随着身体的长大，螺壳容纳不下了，它就要另找房子。遇到一个螺壳，它先将螯伸进去试探，如果满意就住下了。要是遇到螺壳内有"住户"，就采取武力将弱者赶走。因为有这样的野蛮举动，人们也叫寄居蟹"白住房"和"干住屋"。

北极熊的"皮大衣"

尽管极地海域地区是世界上最冷的地方，全年绝大部分时间的气温都在零度以下，生活条件十分恶劣，但是北极熊依然生机勃勃地生活在那里——它们的御寒能力令人叹为观止。北极熊不仅感觉不到丝毫寒冷，反而觉得有点热，有时候不得不趴在冰上降降温。这主要是因为北极熊有一件奇特的"皮大衣"。

北极熊的皮毛分为上下两层，上层毛光滑而长，下层毛短而密，能有效地防止外界的水渗入和体表热量散失。最神奇的是，它的每根毛都是中空且透明的，像一根根小管子似的。这些"小管子"的内表面粗糙不平，能将所有的可见光散射出去，使毛呈现白色，方便在冰雪环境中捕食，保证身体所需的能量；另一方面，能"捕捉"住紫外线，将其辐射热顺着毛发传导到皮肤，经吸收而保持体温。值得一提的是，在厚厚的白毛下，北极熊的皮肤却是一种有助于吸收热量的颜色——黑色，这一点从它鼻头、嘴唇以及眼睛四周的皮肤便可窥见一斑。此外，北极熊的"皮大衣"设计得非常精密，可覆盖其身体的每一寸皮肤，包括与冰冷地表直接打交道的足掌底部。因此，有这么一件皮大衣，北极熊只要稍微运动一下，就会觉得热得不行。

发光发电的奇特生物

鹦鹉螺号行驶到亚马孙河口附近时，教授一行人的渔网拖上来了大量的鱼类，其中有一种特别的鲷鱼，"它们身上的光在海水中闪闪发亮"。随后，又拖上来一只很扁平的鱼，负责看管鱼的康塞尔扑上去用手把鱼捉住了。可是，"一下子，他就被打翻在地，四脚朝天，半个身子都麻痹了"。原来，他是受到了一种最危险的电鳐的电击，这些发光、发电的动物是什么构造的呢？

"海中活电站"——电鳐

海洋中生活着形形色色的鱼，但是你知道吗，有些鱼还可以放电。根据鱼放电的电流强弱和电压高低不同，将电鱼分为强电型鱼和弱电型鱼。强电型鱼可以放出20~500伏不等的电，主要用于御敌和捕食，而弱电型鱼只能放出不到1伏的电，主要用于求偶。电鳐就是一种强电型鱼。电鳐是如何放电的？让我们来一探究竟吧。

电鳐是一种热带软骨鱼（骨架全部由软骨组成，缺乏真正的骨骼），栖居在海底，躯体呈扁圆形，体后拖着一条粗长的尾巴，整体有些像一把团扇，在头胸部的腹面两侧各有一个肾脏形蜂窝状的发电器。这些发电器排列成"电板"柱，电鳐身上共有2000个电板柱，有200万块"电板"。这些电板之间充满胶质状的物质，可以起绝缘作用，所以电鳐本身不会触电。在神经脉冲的作用下，放电器就能把神经能转变为电能，从而放出电。每个"电板"所产生的电量比较微弱，但因为电鳐身体中很多"电板"，所产生的电压聚集起来就很高。

电鳐

在一次放电中，电鳐
的电压为60～70伏。在
连续放电的首次可达100
伏，最大的个体放电约在
200伏左右，功率达3000瓦，所以
它们能够击毙水中的游鱼和虾类作为自己的食料。同时，放电也正是电
鱼逃避敌害，保存自己的一种方式。更加神奇的是电鳐能随意放电，而且放电
时间和强度完全能够自己掌握。因此它们有"海中活电站"的美称。

"水中高压线"——电鳗

南美洲的电鳗是电鱼中发电功率最高的一种，每一条能发出高达800多伏的
电。有人计算过，1万只电鳗同时放的电，可供电车走几分钟。如此惊人的电力
竟然是从海底鱼类的身上发出的，那么电鳗的电力究竟从何而来呢？

电鳗和其他鳗鱼一样看起来很像蛇，但它属于鱼类。它们生活在南美洲亚
马孙河和圭亚那河中，体表光滑无鳞，体型很大，最长约可以长到2米长，重量
可增长到超过20公斤。成年的电鳗身体细长，呈圆柱形，头部扁平，背部一般
为暗绿色或灰色，腹部为黄色。电鳗是目前所知的可以放电的鱼类中放电量最
大的鱼。

电鳗的发电器基本构造与电鳐相似，也是由许多电板组成的，身体的尾端
为正极，头部为负极，电流从尾部流向头部。成年电鳗的发电器约占它总体积
的40%左右，发电器身体每侧各有两个，上面一个较大，由尾部的前端一直伸
向尾部的后端，是主要发电器；下面一个较小，沿着身体下表面伸展，这些发
电器都是由一系列整齐的圆盘形电板组成，约有一万多个电板，每一个电板可
放出0.14伏电压，当所有电板一齐放电时，在鱼身四周的水中有电流通过形成

电场，可以电击在此范围内的任何生物。电鳗体内的一些重要结构，如神经和肌肉等都被与电流绝缘的脂肪组织所包围，因此，虽然相应的电流也在电鳗体内流动，但它们不会因此而受损。

电鳗的发电器具有非常高的效率。电鳗的每克体重发电器输出电功率为0.1瓦，相当于目前汽车上用的铅蓄电池每克输出电功率的100倍。一条2米长的电鳗在水中所产生的电压可达250伏，而离开水时所产生的电压竟高达550伏，并能产生足以使6只100瓦灯泡发出闪光的电流，被称为"水中高压线"。

"游动的灯火"——光脸鲷鱼

光脸鲷鱼是一种奇特的闪光鱼类，身体只有7～10厘米，生活在红海和印度洋的不到10米深处，或者在较深的珊瑚礁上面。海洋生物学家认为，到目前为止，光脸鲷鱼的发光亮度在所有的发光动物（包括陆生动物和海洋动物）中是最亮的。因而在水下很容易找到它们，几乎在距离鱼18米处就能发现亮光。一条光脸鲷鱼所发的光能使离它2米远的人在黑夜看清手表上的时间，所以水中的潜水员喜欢把它们捉住后放在透明的塑料袋中，作为水中照明之用。

最让人好奇的是它们为何能如此闪亮呢？光脸鲷鱼的眼睛下缘不仅有一个很大的新月形发光器官，而且还具有一层暗色的皮膜，附着在它的发光器官的下面。皮膜一会上翻遮住了发光器官，一会又下拉露出了发光器官，好似电灯开关一样，一亮一熄，闪耀出蓝绿色的光。它们还可以灵活地控制发光器变亮或者变暗，以便从容地引诱猎物或者逃生。

光脸鲷鱼如此特别的避敌武器，让众多鱼类羡慕不已，但人们看到的只是表面现象。其实光脸鲷鱼自身并不会发光，它身上的光是一种滋生在它头部的特殊细菌发出，据测定，这种鱼的一个发光器官中大约有100亿个发光细菌。这些细菌侵入到鱼的发光器官上，汲取鱼血里的营养和氧气赖以生存，同时散发出光能。所以即使在光脸鲷鱼死后一段时间，这些细菌仍能继续发光。

巨嘴前面挂盏灯

吞噬鳗是深海鱼类，偶尔被捕渔网误捕，但知趣的渔民会马上放掉它，因为它看上去没有任何经济价值。它有一张无比巨大的嘴，甚至大过了自己的身子。一条鞭状的长长的尾巴，常常被自己打上几个结。另外还有一双深海鱼的典型的小小如豆的眼睛。

吞噬鳗没有可以活动的上颌，巨大的下颌松松垮垮地连在头部。和许多深海鱼一样，吞噬鳗习惯张着大嘴游动，吞吃一切漂浮进口中的东西。如同鹈鹕一样，吞噬鳗下颌有个袋子，吞下的东西就暂且放在袋子里。吞噬鳗没有肋骨，因此胃可以扩张，容纳体积巨大的食物。不过，不要以为它专吃大动物，其实主要还是吃小鱼小虾。

吞噬鳗的尾巴尖上（身体最后约15厘米处）有个发光器。发光器的主体部分为透明的叶形结构，上面布满了丰富的血管，因此可以发出红色的光，并且在发出稳定的红光之后，还能不断地闪烁。在难见光亮的深海，一点光亮都分外喜人。为了引诱猎物靠近嘴边，吞噬鳗常将尾巴举在口前，像是托着一盏红灯。有时，吞噬鳗还会舞动蛇一样细长而柔软的身体，沿着环形轨迹游动，用尾部的红光引诱猎物。当猎物寻光而来，进了它的捕食范围，它就用长长的尾巴缠住猎物，再将猎物吃掉。

防御绝技独步天下

尼摩艇长告诉教授，他的一切，包括吃、穿、住、用、行都是大海给予的，比如"笔是鲸鱼的触须，墨水是乌贼的分泌物"。可想而知，乌贼的分泌物既然能够作为墨水，那他必定很黑，应该是用作御敌的，那么乌贼是如何练就这招"杀手锏"的呢？海洋动物中，大型食肉动物云集，那么，像乌贼和鱼类都是被吞食的目标，为了保护自己免受攻击，久而久之，它们都有了自己的"独门武器"。

乌贼的"烟幕弹"

乌贼遨游在大海里专门吃小鱼小虾，一旦有什么彪悍的敌害向它扑来，就立刻从墨囊里喷出一股墨汁，仿佛释放了烟雾弹，把周围的海水染黑，使敌害顿时看不见它。它就在这黑色烟幕的掩护下，逃之夭夭了。乌贼是如何使出这一"杀手锏"的呢？

原来，在乌贼体内直肠的末端有一个墨囊。墨囊的上半部是墨囊腔，是贮备墨汁的场所；下半部是墨腺，墨腺的细胞里充满了黑色颗粒，衰老的细胞逐渐破裂，形成墨汁，进入墨囊腔以后，暂时储存起来。当突遇强敌时，乌贼就会从墨囊中喷出一股股的墨汁来，墨汁在水中散成烟雾状，把周围的海水染成一片漆黑，就像释放的烟幕弹一般。在对方惊慌失措的时候，它便趁机逃跑了。乌贼的喷墨技巧很高，喷放的墨团形状常常与自己的形状近似，这能很好地迷惑敌害。而且它喷出的墨汁还含有毒素，可以用来麻痹敌害，使敌害无法再去追赶它。

乌贼墨囊里储存的这一腔墨汁，需要很长的时间才能形成。所以，不是到了万不得已的危急关头，它是不会随意施放墨汁的。乌贼释放墨汁的多少，因对手的不同而异。如果对手很弱，就点到为止；

乌贼嘴巴周围有八只腕和两条较长的带吸盘的触须，用于抓捕猎物（鱼和甲壳类）或吸附在某个物体上。

如果对手强大，乌贼就会连连释放墨汁，把对手团团包围。乌贼一般能连续施放五六次墨汁，持续十几分钟，在5分钟内可以将5000升水染黑。大王乌贼喷出的墨汁，能够把成百米范围内的海水染黑。有了烟幕弹这个撒手锏，多数情况下乌贼都能成功避险，但当然也有例外的情况。海豚就是乌贼的天敌之一，因为它会绕过"烟幕"穷追乌贼。

人类受到乌贼"烟幕弹"的启发。在陆战中，常常利用发烟罐、发烟手榴弹放出浓烟来掩护步兵和坦克前进。有时候，也在敌人进攻的方向上施放烟幕，使己方在烟幕的掩护下顺利转移。在海战时，甚至利用烟幕把一艘上万吨级的战舰掩蔽起来。现在，造出的烟幕不只是化学燃料燃烧放出的浓烟，为了达到反雷达和反红外探测器的效果，人们还造出了具有特种功能的烟幕，使对方无法判定哪个是真正的目标。

石斑鱼的"迷彩服"

石斑鱼身体肥厚，口部大，不适宜长途迅速游泳。这很不利于它获得食物和躲避敌害，于是，石斑鱼练成了高超的伪装术，往往顷刻之间便可"判若两鱼"。

它的样子很奇怪，如果只从颜色和形状看，就像一块带斑点的岩石。身上有赤褐色的六角形斑点，中间被灰白色或网状的青色分开，这种斑点同长颈鹿的斑纹相像。石斑鱼在捕食时常常隐藏在珊瑚礁中，赤色的斑点跟红珊瑚几乎完全一样。到了绿色或黄色的水藻丛中，就会变成绿色或黄色。它能变出与环境相适应的六种颜色。它还能把斑点和条纹的颜色，一起变得深<u>些</u>或浅<u>些</u>。石斑鱼就好像穿了件"迷彩服"，把自己伪装得和周围的环境很相似，以致很多在它附近游动的小鱼小虾还不知道发生了什么事就它成为它的美食。那么也许就有人要问了，石斑鱼为什么能变色呢？

鱼体有色彩是因为其皮肤细胞内含有色素。色素细胞共4种，即黑色素细胞、红色素细胞、黄色素细胞和鸟粪素细胞（或称为虹彩细胞）。由于色素的多少不同，色素的转化以及分布而形成了色彩各异的鱼类体色。另外，鱼类的色素细胞的形状极易改变，不同的形状会显现出不同的色彩来。色素细胞由神经或激素控制着。

石斑鱼伪装变色主要是受到外界的刺激并通过眼睛触发而引起的。外来刺激通过眼睛传到脑，再由脑传到支配色素细胞的肌纤维，从而引起色素细胞粒的变化。色素细胞粒不断扩散时，体色变浓；色素细胞粒不断缩小，体色就会变淡了。石斑鱼体内还有虹彩细胞，能够把光线反射，发出彩色虹光来。因此身上的斑点和条纹会忽明忽暗地变幻。

鹦鹉鱼"作茧自缚"

鹦鹉鱼，或称鹦嘴鱼，是生活在珊瑚礁中的热带鱼，披着或金灿灿或红彤彤的外衣，就像鹦鹉那样漂亮，所以人们叫它鹦鹉鱼。让更多人感到新奇的，不是鹦鹉鱼的艳丽的外表，而是它独特的睡眠习性。

它会像蚕那样"作茧自缚"，从嘴里吐出白色的<u>丝</u>，借助腹鳍和尾鳍的帮助，经过一两个小时就能从头到尾织成一个壳，这就是它们的"茧"。鹦鹉鱼每晚睡觉前都要用黏液织一个新"茧"，将自己包裹在里面。

鹦鹉鱼究竟为何"作茧自缚"？有科学家发现了，鹦鹉鱼的"茧"具有屏蔽血吸虫的功效，类似于我们用的蚊帐。虽然海底没有会飞的蚊子，却有能游动的血吸虫，这种血吸虫专门在晚上攻击鹦鹉鱼。为什么鹦鹉鱼只选在晚上作茧呢？原来在白天，有一种清洁鱼能够帮助鹦鹉鱼清除身体上的寄生虫；而晚上的时

在"睡衣"中休息的鹦鹉鱼

候，清洁鱼睡觉了。失去清洁鱼的保护，鹦鹉鱼只好自己结网保护自己。

不过，鹦鹉鱼的"蚊帐"有时候也会给它们带来麻烦。有时候，鹦鹉鱼生病了，但它们前一天晚上将"睡衣"织得太坚固了，早晨想出来的时候，没有足够的力气钻破"睡衣"就麻烦了。因为想从同伴那里获取帮助是不可能的，鹦鹉鱼从不救助困"睡衣"里的同伴，它们会认为同伴还在睡觉，不便打扰。时间一长鹦鹉鱼必定会闷死在自己的"茧"里。

取食有法的"大胃王"

鹦鹉螺号向荷兰海岸靠近后，教授一行人发现河口那里"生活着好几群以家庭为小组的海牛，这些安详、温顺的动物，长6至7米，体重至少有4000公斤"。教授告诉尼德·兰和康塞尔，有远见的造物主赋予这些哺乳动物一个重要的角色，像儒艮一样，以海中的海草为食，把阻塞热带河流出海口的大面积海草消灭掉。当然，并不是所有海洋哺乳动物都像海牛和儒艮一样食素，还有许多的肉食类"大胃王"存在，不过，它们对于如何吃倒是各有心得……

儒艮除草为食

儒艮成体头小身大，体长可达3米，体重可达500公斤，总是慢悠悠地游在水中。因而儒艮看上去很笨重。但它们性情谦和、温顺，多三五只或十余只成群出没于浅海地带，同伴之间常常以鼻相碰以示友好，很少争斗。当它们卧于水底时，身体颜色和周围环境相近，不易被敌害所发现。躲避敌害时，也可以用宽大、肥厚的尾巴击水，快速游泳，逃逸而去。

儒艮身体内的脂肪层很厚，不怕较低的水温。鼻孔具有肌肉质的活瓣，出水呼吸时将活瓣打开，入水则将活瓣关闭，堵塞鼻孔，防止呛水。上唇特化，上面布满短粗的硬毛，就像两把刷子，灵活的上唇就利用这两把刷子不停地把藻类、水草等水生植物，偶尔也有少量小鱼、小虾、小软体动物等送到口中。儒艮消化系统十分发达，具有发达的盲肠和长达45米的肠道来消化食物，每天食草多达数十公斤，约为其体重的百分之十左右。因而，它们非常适应在海水中以水生植物为食的生活。

儒艮如此大的食量，并没有引起人们的厌恶。反而成了人们的得力助手，在一些由于杂草丛生而阻塞的河道中，人们放入儒艮，很快河道繁殖肆虐的水生植物就会被儒艮吃光，河道因而疏通，人们亲切地称它们为"水中除草机"。

海底猎手——海星

海星是一种住在海底的海洋生物。典型的海星像五角星或是一个车轮，大多数海星都有5条触手，但有的有多达40条触手。为什么海星有这么多的触手？因为四面都有触手，海星就能在几乎任何方向对环境做出反应。这有助于保证海星的行动安全。

海星没有头，也没有大脑，没有鼻子，但有嘴巴，嘴巴在中央体盘的底部。细细的凹槽从嘴里一直延伸到每一条触手的末端，上面连接着管状脚。也许你已经猜到了，没错，海星能用它们的管状脚"闻"到食物。海星的管状脚多达几百只，它们除了可以"闻"到食物外，还负责像是吸盘一样"抓"东西。这是怎样实现的呢？

海水通过它身体上面的一个小洞进入海星。然后水流入管道系统并进入管状脚。水促使管状脚延长和展开。一旦管状脚对硬表面加压，它就收缩。这有助于管状脚的粘附。然后海星从它们脚上释放出一种像胶水一样的物质。当海星准备好释放胶水的时候，它就伸出脚。

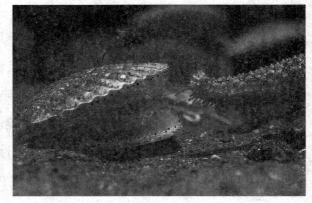

一只海星正在移动触手，准备捕获女王海扇蛤。

因而，你会看到海星令人惊讶的进食方式。海星用多只触手抓住贝类，用管状脚去吸附撬开贝壳，或者用身体将贝类整个包住，使猎物因窒息而死。一旦打开了贝壳，海星就从嘴里伸出它的胃膜，把它们插到打开的贝壳里，分泌出消化液消化猎物的软体。这种外部消化的功能使它可以吃比它嘴大很多的动物。

座头鲸巧用"水泡阵"

海洋中生活着一种庞然大物，它的成体平均体长雄性为12.9米，雌性为13.7米，最大记录雌性为18米，体重25～35吨。它身躯如此庞大，却喜欢吃小虾及一些小型鱼，而且是捕虾能手。它捕食的技术可谓高超巧妙，令人惊叹。它就是座头鲸。

座头鲸捕食的第一种方法是冲刺式进食法，座头鲸将下腭张得很大（其特殊的弹性韧带能够使下腭暂时脱落，形成超过90度的角度，口的横径可达到4.5米），侧着或仰着身子朝虾群冲过去，吞进大量的水和虾，然后把嘴闭上，海水经由口腔内悬垂生长的鲸须缝隙间流出口外，只留下美味的食物。

第二种方法叫轰赶式进食法，座头鲸用鳍肢、尾鳍不停地拍击海水，把小鱼小虾随海水赶到自己张开的大嘴中。这种方法也是只有当虾特别密集时才适用。

第三种也是最独特的猎食技巧，被称为水泡网捕猎法。座头鲸从大约15米深处作螺旋形姿势向上游动，并从头顶的喷水孔喷出许多大小不等的气泡，使最后吐出的气泡与第一个吐出的气泡同时上升到水面，形成了一种圆柱形或管形的气泡网，把猎物紧紧地包围起来，并逼向网的中心，座头鲸便在气泡圈内几乎直立地张开大嘴，一口就可以吞下数以千计的鱼群。这种捕食方法有时也运用于座头鲸的团队合作。当猎物数量很多时，一群座头鲸在鱼群的下方围成一个大圈迅速游动，利用喷水孔向上喷气形成水泡网，从而使鱼群被逼得更为

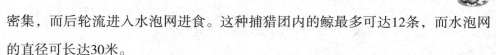

密集，而后轮流进入水泡网进食。这种捕猎团内的鲸最多可达12条，而水泡网的直径可长达30米。

砗磲"食"不离身

人们有时会在落潮后的安静海滩，突然发现一只身长近2米的巨型贝壳，它像一把巨大折伞一样半开闭，色彩绚烂闪烁。人们定会认为，如此巧夺天工的大贝壳，一定是人类精心打造的杰作。

其实，并非如此。这正是一颗天然巨型贝——砗磲，又名车渠，生活在印度洋、西太平洋海域，是蛰居在海底热带珊瑚礁上的一种大型介壳软体动物，因其外壳上有几条深而开阔的沟纹，如同纹路鲜明的车轮碾过泥泞路面后留下的车辙，因而被科学家形象地取名为"车渠"。

海洋生物学家仔细观察砗磲的生活行为，发现砗磲和其他双壳贝类一样，靠通过流经体内的海水把食料带入。但砗磲到哪儿都带着虫黄藻，这是为什么呢？原来，虫黄藻必须借助光合作用生育，而砗渠的外壳膜边缘恰好长有特殊的"透光器"，它能聚散光线，并把光线播散到外套膜组织的深层，从而扩大虫黄藻的优良繁殖区域。而砗磲则把虫黄藻当成了现成的美味享用。"美味"的繁殖速度快，数量巨大，砗磲几乎不用担心饿肚子。看到这里，我们明白砗磲到哪儿都带着虫黄藻，并不是因为砗磲大公无私，而是因为这是它的另一种进食方式。

砗磲宽大的外套膜为它们获取更多的食料提供了特定的基础。

自然灾害预报员

有些动物只属于海洋，它们必须以海为生。比如水母，"它们摆动着四条叶状触足游动着，丰富的触须四处飘散着。而离开了生养它们的大海就会融化、消失"。既然如此，对于大海的"喜怒"，它们是最了解不过的。因而，人们把它们当作自然灾害预报员自然是最合适不过了。除了水母，鳖和海鸥也是很尽职的自然灾害预报员。

水母"听"风暴

早在5亿多年前，水母就已经在海水里生活了，是地球上最低等级生物之一。但千万不要小看这群低等生物，它们可是预测风暴的"高手"。每当大海里发生风暴时，总是呈现一种惊心动魄的情景：狂风怒吼，浪涛奔涌，咆哮的大海似乎要吞没一切……但是有一种生物，却在风暴来临之前悄悄地躲藏起来了，它们离开海岸，游向深海，以免被巨浪击碎，这就是水母。

水母是如何"听"到风暴来临的呢？原来，在蓝色海洋上，风暴来临之前会产生一种次声波，这种次声波人耳是听不到的，而水母却

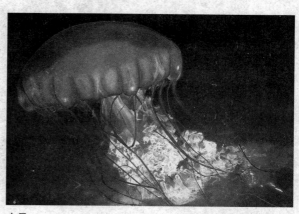

水母

能听到。在水母的触手丛中有一个细柄，细柄上长有小球，这就是水母的"耳朵"，且其中有一个极小的听石。因此，水母"听"到风暴易如反掌。

随风暴产生的次声波是由空气和波浪摩擦产生的（频率为每秒8~13次）。这种波有一个特点，就是能比狂风和波浪传播的速度更快，总是以最快的速度告诉所有能听到次声波的海洋生物——风暴就要来了。这种次声波冲击水母的"耳朵"，刺激着周围的神经感受器，使水母在风暴来临前10~15小时就能够听到正在来临的风暴的隆隆声，因而一下子全从海面消失。

水母怎么这么快就消失了呢？原来，水母的伞状体内有一种特别的腺，可以发出一氧化碳，使伞状体膨胀。当大风暴来临前，它们就会自动将气放掉，沉入海底。等海面风平浪静后，它只需几分钟就可以生产出气体让自己膨胀并漂浮起来。

海鸥"预报"暴风雨

海鸥是一种脚趾间长有薄膜的长翅膀鸟，见于海洋和内陆水域上空。海鸥体长33~71厘米，嘴部笨重，稍呈钩状，尾巴有点像方形。海鸥的下体大多发白，背部和上翅面呈灰色。有些海鸥头部和翅尖是黑色的。

海鸥被看作是海上航行的天气"预报员"。暴风雨是一种突然来临的大而急的风雨，短时间内会给人们带来很大的财产损失，甚至危及出海人的生命。海鸥能够提前感知在人们看来毫无征兆的暴风雨。通常来说暴风雨是由低压天气系统造成的，暴风雨来临前几天，气压通常比较稳定，并可能缓慢降低。暴风雨来临前气压会急剧下降。

而海鸥的骨骼是空心管状的，没有骨髓而充满空气。这不仅便于飞行，又很像气压表，能灵敏地感觉到气压的变化。因此，如果海鸥贴近海面飞行，那么未来的天气将是晴好的；如果它们沿着海边徘徊，那么天气将会逐渐变坏。如果海鸥离开水面，高高飞翔，成群结队地从大海远处飞向海边，或者成群的

成群的海鸥

海鸥聚集在沙滩上或岩石缝里，则预示着暴风雨即将来临。

富有经验的海员都会通过观察海鸥来预测天气。此外，他们还把海鸥当成安全使者，乘舰船在海上航行时，人们常因不熟悉水域环境而触礁、搁浅，或因天气突然变化而造成海难事故的发生。不过，会观察海鸥就不同了，海鸥常着落在浅滩、岩石或暗礁周围，群飞鸣噪，这无疑是对航海者发出了提防撞礁的信号。而且，一旦人们在航行中遇到不测，沉船失事，海鸥会马上集成大群，在失事舰船上空大声吼叫，以引导救援舰船来援救。海鸥还有沿港口出入飞行的习性，每当人们航行迷途或大雾弥漫时，观察海鸥飞行方向，也可作为寻找港口的依据。

变"态"求生存

鹦鹉螺号来到了瓦尼科罗群岛，"经由一段狭窄的通道，穿过外围的石带，来到了防波堤里红树的青翠树荫底下，见到几个土人"，红树是防风固堤的常用树木，以易活耐腐蚀而著称。看来，海洋周围大风大浪，高盐多水的环境着实不如陆地适宜植物生存，不过，还是有植物"顽强"地选择了生活在这里。

红树拼命扎根

红树林生长在风大浪急的热带、亚热带海岸及河口潮间带，涨潮时，它们被海水淹没，或者仅仅露出树冠，仿佛在海面上撑起一把大伞；潮水退去，则成一片郁郁葱葱的森林。不过，这片森林不是红色，而是绿色。之所以称为红树、红树林，是因其树皮及木材呈红褐色。

红树林植物虽然喜欢生长在高盐度的海水中，但是它们与陆地上所有的植物一样，也需要大量的淡水来补充水分，否则就会被渴死。可是，茫茫"盐海"之中，哪有淡水的影踪啊？无须担心！经过几亿年的进化，红树林的成员已经"研发"出一种萃取淡水的独门"技术"。而秘密就隐藏在它们的细胞中。

在进化的过程中，红树林成员为自己设计了一种特殊的细胞——内部是一种海绵状的组织，有很多空隙。当它们露出水面时，就会往细胞的空隙不断注入空气，使细胞内部形成一个高气压环境。这时，海水一进入细胞内，其中的水分子就会在高压的作用下，向细胞膜渗透，从高盐度的海水中分离出来。

红树林是由一群水生的木本植物组成，全世界红树林树种共有24科30属83种。图为红树林除红树以外的另一种常见植物——海茄苳。为了适应高盐度的海水，它的叶片会将盐以结晶的形式排除体内。

与此同时，红树林植物会迅速将这不含盐的水"逮住"，慢慢享用。因此，有这么精良的细胞组织，红树林永远都不用担心会被渴死。

红树林除了"喝水"与众不同外，还有一种更令人震撼的习性——"胎生"的繁殖方式。"胎生"？如果这里说的是动物，大家绝不会感到奇怪，但如果是植物，就会认为是在开玩笑。那么，究竟是怎么回事呢？一起往下看看。

一般植物种子成熟以后，就会马上脱离母树，经过一段时间的酝酿后，在土壤里萌发成幼苗。然而，这种方式显然不适合红树林家族，海岸松软的泥土及海水的涨落，很容易就把种子冲走，或者泡烂。因此，红树林植物的种子成熟后，并不落地发芽，而是在母树上继续吸收营养，一直到生根发芽。这时候的幼苗才会脱离母树，一个个往下跳，散落到海滩中。随着海水到处漂流，遇到合适的地方，就安家扎根下来，像它们的家族成员一样正常地生长。它们的这种繁殖方式就好像哺乳动物孕育胎儿一样，因此人们称它们为"胎生"植物。

不止如此，红树为了"立足"和"呼吸"，长出了粗壮的根系（有支柱根、板状根和呼吸根），这也为它们能盘根错节屹立于滩涂之中提供了便利。

一棵红树的支柱根可多达30余条。这些支柱根像支撑物体最稳定的三脚架结构一样，从不同方向支撑着主干，使得红树风吹不倒、浪打不倒。例如，1960年发生在美国佛罗里达的特大风暴，使得沿岸的红树毁坏几千棵，但是连根拔掉的却很少，主要的毁坏是刮断或树皮剥裂。因而，红树林对保护海岸稳定起着重要的作用。

除了支柱根之外，红树植物的呼吸根也异常发达。因为在沼泽化环境中，土壤中空气极为缺乏。红树植物为了适应这种缺氧环境，必须让呼吸根苗壮成长。这就有了众多长短粗细各不相同的呼吸根：有的纤细，其直径仅有0.5厘米；有的粗壮，直径达10~20厘米。露出地面的树根的表皮有许多粗大的气孔，一方面可以帮红树林植物从空气中获得氧气；另一方面还可以将空气送入细胞内，贮存起来，保证红树林被海水淹没时仍有足够的氧气使用。因此，人们把这种具有呼吸功能的树根，称为"呼吸根"。

此外，红树植物的板状根是由呼吸根发展而来，板状根对红树植物的呼吸及支撑都有利。红树植物根系的生命力极强，它在涨潮被水淹没时也能生长；更使人们惊奇的是，当幼苗落入水中，随海流漂泊，有时在海水中漂泊几个月，甚至长达一年也未能找到它生长所需的土壤。然而，一旦遇到条件适宜的土壤就立即扎根生长。

海带口袋生"子"

海带，别名昆布，是生活在浅海里的藻类植物，有"海底森林"之美称。而且它们还是个碘的"仓库"，在干的海带里含碘将近1%。而碘，是人体内不可缺少的元素。

我们知道，陆地上的植物靠根部吸收营养物质，等到成熟之后，就可以开花结果，繁殖后代了。海带是生长在海底的植物，它也是同样的成长历程吗？

其实不尽相同，海带属于低等海洋植物，全身就像一条长长的叶子。它们既没有茎也没有根，假根并不能用来吸取养料，只能用来固着在岩石上，因而又称为固着器。那么，海带如何汲取营养呢？原来，它们依靠长长的叶子上叶绿素进行光合作用（在可见光的照射下，将二氧化碳和水转化为有机物，并释

许多硅藻都是扁平的，但是这种叫作马鞍藻的硅藻却是螺旋状的。在海洋中的某些地方，死去的硅藻可以形成几米厚的软泥。

放出氧气的过程）来汲取养料。可是，它们看起来并不是绿色的，这只是因为含有的褐色素太浓，掩盖住了绿色。

不过，当海带成熟后，并不能够像陆地植物一样进行繁殖。它们不会开花结籽。那么，它是怎么繁殖的呢？海带属孢子植物，它的繁殖方法较奇特，先在叶子上长出许多口袋一样的孢子囊，里面有许多孢子。孢子成熟时孢子囊破裂，里头的孢子就出来了，用两根鞭毛在海里游泳。当它们落在海底的岩石上，在适宜的条件下就会发芽长成一条海带。

硅藻繁殖一变二

鹦鹉螺号终于踏上了南极大陆，阿龙纳斯教授看到"在这片荒芜的大陆，植物种类极其有限"。一些微生胚芽，如退化了的硅藻是其主要植物构成。千万不要对这些微小的浮游植物不屑一顾，浮游生物每年制造的氧气就有360亿吨，占地球大气氧含量的70%以上，而硅藻数量又占浮游生物数量的60%以上，这样推算，假设现在地球上没有硅藻了，不出3年，地球上的氧气就耗干了。动物和人类也就都没法呼吸了。因而，藻类植物维持"人丁兴旺"对于其他生物的存在异常重要。

硅藻是一类最重要的浮游生物，分布极其广泛。在世界大洋中，只要有水的地方，一般都有硅藻的踪迹，尤其是在温带和热带海区。由于硅藻种类多、数量大，因而被称为海洋"草原"。为了维持这片"草原"欣欣向荣，硅藻采用了十分独特的繁殖方法———一分为二。

　　这种繁殖方法都归功于硅藻内部特有的一种繁殖细胞——复大孢子。硅藻细胞进行分裂繁殖时，由两个硅藻细胞（母细胞）相互靠拢，包在共同的胶质中，每个母细胞各自产生2个胚子，彼此成对结合形成2个复大孢子，然后在复大孢子周围形成新的硅藻细胞壁，这样就形成了两个硅藻子细胞。它们一个以母细胞的上壳为上壳，故与母细胞同大，一个以母细胞的下壳为上壳，故略小于母细胞。可想而知，经过多代细胞分裂后，部分后代细胞变得越来越小，这种变化趋势对种的生存很不利。

　　不过不用担心，硅藻"想"出了一个万全之策，即由两个较小的硅藻细胞形成复大孢子，这样将会产生出1个与该种硅藻最大个体体积相当的新个体，使缩小的细胞恢复到原来的大小。

　　因而，你会看到，本来硅藻的细胞壁里有两片硅质壳，一大一小，像盒子一样套在一起，大的套在外面（上壳），较老；小的在里面（下壳），较年轻。当分裂之后，在原来的壳里，各产生一个新的下壳，新的硅藻就"出生"了。

海底深处的"花园"和"草地"

> 鹦鹉螺号行驶在辽阔而富饶的世界海洋里,阿龙纳斯教授一行人除了见识着形形色色的动物之外,还发现了种类繁多、千姿百态的海洋植物。"距离海面较近的一层保持在绿色植物状态,而红色的海草则处于较为深一些的地方,这样,黑色或棕色的水草便构成了海底深处的花园和草地了。"而这其中,有我们听说过的植物"明星":如极富神奇色彩的马尾藻,经常出现在餐桌上的紫菜等。

最早的生命——蓝藻

在非洲南部太古代(30亿～26亿年前)的灰岩中,科学家们发现了许多由藻类构成的迭层化石,由此揭开了一个关于生命起源的秘密——最早的生命来自海洋。

根据出土的生物化石资料,科学家推测,大约在30多亿年前,海洋中就已经出现了最早的生命——蓝藻。在漫长的生物进化史中,蓝藻的出现具有里程碑式的意义——它释放出氧气,这才有了我们今天的地球。时至今日,古老的藻类大家族也越发兴旺发达,各种各样的海藻占据了海洋植物的"半壁江山"。

蓝藻是海洋中最常见的一种藻类,一毫升海水中所含的蓝藻细胞数量就超过了100万个。这种最简单、最原始的单细胞生物负责了海洋中将近一半,也就是全球1/4的光合作用。然而让人惊讶不已的是,它与一般植物不同,它的体内竟然没有叶绿体。

从电子显微镜下，我们可以看到蓝藻没有细胞核，它的细胞壁主要由两层组成，内层和外层之间的部分称为"周质"。周质中，有一处由膜形成的扁平囊状结构——类囊体。这就是进行光合作用的场所。在类囊体的表面，附着有叶绿素a、β胡萝卜素、叶黄素和藻胆素等光合色素。这些光合色素吸收光能，把二氧化碳和水转化为硝酸盐和亚硝酸盐等基本营养物质，同时释放出氧气。正是这种了不起的生化过程，一方面为海洋生物的演化提供了必需的营养成分，另一方面也改造了原始大气环境，拉开了生命大爆发的序幕。

躺在"皮筏艇"上的马尾藻

海洋植物是海洋中利用叶绿素进行光合作用以生产有机物的自养型生物，其门类甚多，从低等的无真细胞核藻类（即原核细胞的蓝藻门和原绿藻门），到具有真细胞核（即真核细胞）的红藻门、褐藻门和绿藻门，及至高等的种子植物等13个门，共1万多种。

马尾藻标本

海洋植物，为了防止被海浪卷走，都纷纷使出"绝招"，如海带紧紧地"抓住"海底的岩石，红树植物将根扎入淤泥深处，一些小型藻类则选择较为封闭的海域生长……然而，马尾藻对风浪却一点也不害怕，喜欢生长在开阔的水域中。

马尾藻是一种形似树枝状的海洋植物，这种植物之所以敢直面海浪的冲击，那是因为它们的叶柄上长有许多中空、葡萄状的小颗粒，就好像一个个充满气体的气囊。这些具有浮力的小气囊，密集而有规律地排列在主叶脉的两侧，使藻体的受力面积达到最大，从而将马尾藻的叶片乃至整个藻体稳稳地托举在海面上。而被托举的藻体就好像"躺"在皮筏艇上似的，可以轻松、自由地在海面上漂游。因此，对于它们来说，只有广阔的海域才能让它们"畅行无阻"。

紫菜的贝壳"童年"

紫菜，是我们最熟悉，也是最普通的海洋植物之一，广泛地分布在潮间带附近的海底。然而，这种平凡的海洋植物，却有着一个令所有植物羡慕的"童年"。

大多数的海洋植物，不管是分裂式繁殖，还是种子繁殖，它们的"童年"都是在冰冷的海水中度过的，而紫菜的"童年"却是在温暖的贝壳中度过的。有个"房子"的确不错，但是它们是怎么做到的呢？当紫菜的"种子"——果孢子，脱离"母体"落入海水中后，并不急着发芽，而是随着流动的海水四处"寻找"石灰质的贝壳。遇到贝壳后，机灵的果孢子就会迅速依附上去，接着开始发芽，最后钻入壳内开始它们温暖的童年生活。

新"寿星"——波西多尼亚海草

一提起海洋"寿星"，人们马上就联想到海龟，但事实上海龟已成为"过去式"了，其寿星宝座早已经被另外一种新物种——波西多尼亚海草所取代了。波西多尼亚海草的根茎生长速度极为缓慢，每年增长不到1厘米。然而，科学家们却在地中海一带海域，发现许多根茎长达数千米的波西多尼亚海草。因此，科学家推测，波西多尼亚海草的寿命至少在10万年以上，是海洋，乃至全世界最长寿的生物。

为了解开波西多尼亚海草的长寿之谜，科学家从地中海流域提取了众多海草样本进行研究，结果发现，这种植物具有非常高的"表型可塑性"。简单地

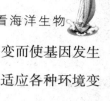

说，它的基因保存能力特别强，能够抵抗任何突变，不会因突变而使基因发生变异，影响其生长；并且，它的基因适应能力很强，能够快速适应各种环境变化，并随之改变自己的生长方式。例如，在养料匮乏的海域，如地中海，波西多尼亚海草的生长速度就变得更慢，根茎蔓延得更远，以此来增强自己的生长力。由此可见，波西多尼亚海草的长寿与它们优良的基因是分不开的。

色彩的秘密

海藻是海洋植物的主体。据统计，目前已知的藻类植物约为2100属，27000余种，是个名副其实的大家族。由于各种藻类的大小悬殊，最小的直径只有1～2微米，肉眼见不到，而最大的则长达60多米，且形态、颜色也千差万别，因此，如何给它们分类就成了一个棘手的问题。

科学家研究发现，藻类植物的细胞内含有多种色素，常见的如叶绿素a、β胡萝卜素、叶黄素等等，而不同色素的组合使得藻类的颜色变幻无穷。比如当β胡萝卜素和叶黄素占优势而叶绿素a较少时，海藻多呈现出金黄色或金褐色。

被蓝藻污染的水面

如果蓝藻大量繁殖腐败死亡后，会在水中形成一层蓝绿色而有腥臭味的浮沫，致使鱼虾大量死亡，威胁人畜饮水安全。

这类海藻被归为"金藻门"。有的海藻除了含有叶绿素、β胡萝卜素、叶黄素外，还含有大量的藻红素和藻蓝素，因此呈现出红色或紫红色，被归为"红藻门"。"黄藻门"海藻所含的色素与"金藻门"基本相同，只是除了叶绿素a外，尚含有叶绿素e，所以呈现出黄绿色。

色彩的差别不仅使海藻变得绚丽多彩，同时还影响到它们的生活习性。比如，红藻、褐藻可以生活于深水中，而绿藻一般浮于水面，这是为什么呢？我们知道，藻类植物的生存离不开光照，湖泊10米深处的光照强度仅为水面的10%，海洋100米深处的光照强度仅为水面的1%。而水体对不同波长的光线的吸收能力也不同，红藻、褐藻能够利用容易被吸收的红、黄、橙等长波光线，因此可以存在深水中；而蓝光、绿光的波长较短，不容易被水体吸收，所以绿藻通常只生活在水面。

第四章
跟随"尼摩艇长"探寻海洋
神秘地带

失踪的亚特兰蒂斯

潜艇穿过直布罗陀海峡来到大西洋后，一路向南，背离葡萄牙驶去，离大陆越来越远，阿龙纳斯教授一行人失去了一次逃跑的机会。不过，却有幸到三百米深的大西洋底去参观了失踪的大西洋城——亚特兰蒂斯，教授看见"昔日的城堡、寺院依稀可辨"，但如今已经物是人非，海藻和墨角藻成了这里的"主人"。

传说的"大西洲"

在深深的海底，埋藏着一个沉睡的世界。在这个还没来得及找到的世界里，又埋藏着太多的奥秘，这个世界就是亚特兰蒂斯，或者称为"大西洲"。

最早记载有关"大西洲"传说的人当推希腊大哲学家柏拉图。柏拉图说亚特兰蒂斯是世界文明的摇篮，是人类向往的乐园。因而，在西方，几乎所有有关海岛神话的书写都源于柏拉图在《蒂迈欧篇》与《克里底亚篇》中所提到的亚特兰蒂斯。传说在1.2万年以前，离直布罗陀海峡不远，在美洲、欧洲和非洲之间浩瀚的大西洋中曾存在过一个神秘的大陆，名叫亚特兰蒂斯大陆。其面积有2000万平方千米，"比亚洲和利比亚（面积约1759541平方千米）合起来还大"。那时，这个岛国的居民已经创造了高度繁荣的文明，那里有许多雄伟壮丽的庙宇、宫殿、堡垒和道路，周围还有枝叶茂盛的树木。可是好景不长，有一天，在一次特大地震和洪水中，整个大西洲沉没海底，消失于滚滚波涛之中，踪影全无。

不过，这并不是故事的结尾，据传说，在大西洲沉入海底后，亚特兰蒂斯

大西洲想象图

  这是依据柏拉图的描述绘制的。

①中心岛上有王宫与海神庙
②内港
③小环岛有运动区与庙宇
④大环岛有赛马道与兵营
⑤大港
⑥运河
⑦外城
⑧外城城墙
⑨海上运河入口

城的居民从此就在海底生存。渐渐地，他们适应了水下生活，进化出了鱼一样的尾巴，变成了人鱼。

绿洲在哪里？

  传说归传说，后世对柏拉图的记载也是猜测纷纷。这也难怪，柏拉图笔下的大西洲存在于公元前1.2万年，而沉入海底的时间是公元前1.15万年。而人类的文明史才只有区区的几千年，这与他所说的亚特兰蒂斯是世界文明的摇篮不符。柏拉图当时似乎也预料到了这一点，所以多次说，大西洲的事是历代口头相传，绝非他虚构，据说，他还亲自到埃及去找多名有声望的僧侣请教，考证这一传说。不过，这似乎没能增加多少说服力，因为人们一直都没有找到大西洲在哪里，所以，后世人还是把亚特兰蒂斯视为柏拉图的"理想国"

和"乌托邦"。

但随着欧洲文艺复兴的脚步，人们还是被大西洲高度繁荣的文明所吸引，加之航海技术的发展（哥伦布寻找新大陆），人类重新燃起寻找大西洲的希望。

如果说亚特兰蒂斯的存在与否是个千古之谜的话，那么，寻找它的位置就算得上是谜中之谜了。几百年来，科学家和探险家为了寻找它的确切地点，考证了大量的文献、遗迹和神话，目前，得出了三个公认可能性较大的地方：

一是地中海的圣多里尼岛。从公元前1950年到前1470年左右，该岛的克里特人曾创造了辉煌的米诺斯文明。但公元前1470年的一次火山大爆发摧毁了圣多里尼岛的一部分，也毁灭了米诺斯文明。有资料表明，灾变之前，米诺斯是地中海最强盛的国家，克里特人用绳索捕捉野牛、供奉海神波塞冬等习俗，与柏拉图笔下的亚特兰蒂斯相似。但不符之处是柏拉图说亚特兰蒂斯的毁灭是在9000年前，与圣多里尼岛的毁灭时间不符，而且柏拉图记载的亚特兰蒂斯是在大西洋，而圣多里尼岛却在地中海。

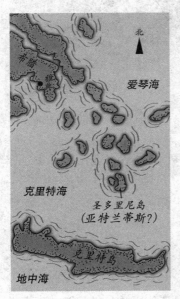

亚特兰蒂斯推测位置示意图

这里标示的亚特兰蒂斯推测地点是希腊的圣多里尼岛。根据考古发现的爱琴海青铜器时代（公元前3000～前1500年）文物，与柏拉图有关亚特兰蒂斯的描述，有颇多相似之处。而在公元前1500年左右，圣多里尼岛火山爆发，被大海吞噬。

二是大西洋西南部的巴哈马群岛一带。1968年，有人在巴哈马群岛附近的海底发现了一些巨石建筑的遗迹，但这些巨石遗迹经过化验和分析，距今还不到10000年，如果这里是曾经的大西洲的话，至少不应该少于10000年。

三是大西洋的亚速尔群岛一带。人们第一次发现亚速尔群岛时，就看到岛上四处奔跑的野兔，亚速尔群岛东南的加那利岛上还有牛、山羊和狗，那是谁把它们带到这里的呢？在亚速尔群岛周围的海

大西洲遭地震和洪水吞噬想象图

柏拉图的著作中说道，大西洲经过了空前的辉煌后，"大西洲人内心充满了过于膨胀的野心和权力"。大西洲人不再视美德高于金钱，陷入了道德的沉沦。他们派出大量军队去征服雅典和东部，以攫取财富，无休止的奢华终于迎来因果报应。众神之王宙斯对他们发出了令人战栗的惩罚，"恐怖的地震和洪水一夜之间突然降临，大西洲……被大海吞没，消失了"。

洋中还生活着海豹，海豹应该生活在近海，从来不会游到海洋中心，如果这里没有沉没的陆地，怎么会有海豹呢？20世纪70年代初，科学家从800米深的海底取出了岩石，经过鉴定惊喜地发现，这里在1.2万年前，确实是一片陆地。这竟然和亚特兰蒂斯的时间如此一致，那这里会不会就是亚特兰蒂斯呢？但目前这种看法还缺乏相当的证据：柏拉图笔下的亚特兰蒂斯是一个具有高度文明的社会，亚速尔群岛却是荒无人烟的岛屿，没有发现任何文化遗迹。

直到如今，以上几种关于亚特兰蒂斯的说法，虽然各有一定道理，但却都难以称得上是圆满的解释。亚特兰蒂斯到底是否存在过？如果存在过，它的遗址又在哪里？这一切仍然没有答案，还有待于人们进一步探寻。

"海上坟地"——马尾藻海

当尼摩艇长带领阿龙纳斯教授一行人在大西洋洋面以下几米的海域里远离陆地航行时，他们靠近了马尾藻海——一个名副其实的草原，这里"海面上密密地覆盖着一层厚厚的海藻，那样地稠密，以至于船只的冲角需要费力地将它们撕开"。阿龙纳斯教授还特意引用了书中对于这片平静海域的描述："马尾藻海就是漂浮物聚集的晃动最少的地方"。

无边的海上"草原"

1492年9月16日，在大西洋上航行的克里斯托弗·哥伦布，忽然望见前面有一片大"草原"。要寻找的新大陆就在眼前，哥伦布欣喜地命令船队加速前行。然而，驶近"草原"以后却令众人大失所望：哪有陆地的影子，原来这是长满海藻的一片汪洋。奇怪的是，这里风平浪静，死水一潭。哥伦布凭着自己多年的航海经验，感到这是一片危险的海域，亲自驾船开辟航道。最终经过3个星期的努力，才逃出这可怕的"草原"。哥伦布把这片奇怪的大海称为萨加索海（Sargasso sea），意思是海藻海。这就是今天大西洋著名的马尾藻海。

在我们的印象中，有海必有岸，然而，北大西洋中部的马尾藻海则比较奇特，它的西边与北美大陆隔着宽阔的海域，其他三面都是广阔的洋面，因而成为世界上唯一一个没有海岸的"洋中海"。因而，实际上它并不是严格意义上的海，只能说是大致在北纬20°～35°、西经35°～70°之间，面积大约是500万～600万平方千米的一片特殊海域。

说起海面漂浮的大量马尾藻，它是一种有趣的藻类。马尾藻是唯一能在开阔水域上自主生长的藻类，它们与我们熟悉的海带是同类，但是它们不像海带一样生长在海岸岩石及附近地区，而是以大"木筏"的形式漂浮在大洋中，直接在海水中摄取养分，并分裂成片、再继续以独立生长的方式蔓延开来，不久就会布满整个水域，加之颜色是绿色的，因而，在海上远远望去，仿佛一派草原风光。

诡异的"宁静"

然而，这片美丽的海上"草原"，却被航海家称为"海上坟地"和"魔海"。据说，航海的船只一误入这片海域，就会被海藻死死缠住不得脱身，船员最终命丧于此。因此，长期以来这片海域上的海藻一直是人们视为死神的化身。后来，经过海洋学家们的多年探索发现，使人丧命的并不是海藻，而是这里诡异的"宁静"。

经海洋学家和气象学家的共同努力，马尾藻海"诡异的宁静"和船只莫名被困的原因终于被找出来了。这片海藻丛生的海域正处于4个大洋的包围中：西面是墨西哥暖流，北面是北大西洋暖流，东面是加那利寒流，南面则是北赤道暖流。这四大洋流相互作用，仿佛四道水墙壁将马尾藻海域的海水团团围住。因此，这里海水相对静止，只在地转偏向力的作用下，以顺时针的方向缓慢流动，显得异乎寻常的宁静。正因为这个原因，在依靠洋流等自然力前进的帆船时代，船只一进入这片平静的海洋，就会因缺乏航行动力而在其中"原地打转"，直到最后粮食、淡水耗尽……当然，"原地打转"的过程中并不排除会被马尾藻阻挡或缠住的可能性，但并不像传言中那样，马尾藻已被"妖魔化"了。

1000米下仍有光

由于洋流使得马尾藻海的海水稳定而缓慢，因而表层的海水几乎不与中层和深层的海水对流，导致它的浅水处的养料无法更新。这样，就不利于浮游生物在这一海区繁殖生长，因此，浮游生物较少，同时以浮游生物为食的海兽和大型鱼类也无法生存。可以这么说，马尾藻海除了海水就是疯狂滋长的马尾藻，这里几乎捕捞不到任何可以食用的鱼类，海龟和偶尔出现的鲸鱼似乎是唯一的生命，这里简直就是一片空旷而死寂的海域。

不过，没有其他浮游生物也带来了一个极大的好处，就是马尾藻海透明度极高，这里是世界海洋透明度最高的海区。一般来说，热带海域的海水透明度较高（所谓海水透明度，是指用直径为30厘米的白色圆板，在阳光不能直接照射的地方垂直沉入水中，直至看不见的深度），可以达50米，而马尾藻海的透明度竟达到66米。在有阳光的天气里，把相片底片放在1000余米的深处，底片仍能感光，这打破了一般水下300~500米深处就是黑暗水域的理论。

葱葱郁郁的马尾藻"草原"

神秘百慕大三角

尼摩艇长他们靠近那片满是马尾藻的"海上坟地"时，其实，同时也靠近了另一个危险区域，马尾藻海围绕着的百慕大群岛中，更是有着"死神居住地"之称的一片神秘海域——百慕大三角。

磁场在"作怪"

令世界上的人们无不谈之变色的百慕大三角，它是北起百慕大群岛、西到美国佛罗里达州的迈阿密、南至波多黎各圣胡安的一片三角形海域。有传闻说，从1945年开始，在这片面积达40万平方英里的海面上，数以百计的飞机和船只，在这里神秘地失踪，使这片开阔的海域蒙上了难以揭开的神秘面纱；至今仍有许多科学家冒着风险到这里寻究奥秘。

从地理环境来看，百慕大海区有势力强大的暖流经过，并多飓风、龙卷风；海底地貌复杂，大陆架狭窄，海沟幽深，地处火山与地震的活跃地带，但这些并不足以揭示百慕大水域的多事原因。从最早扬帆驶过这片海域的航海家哥伦布的记载，到震惊世界的美国第19飞行小队失踪事件，罗盘失灵是事故发生的第一表现。这使人们不得不联想起百慕大三角的磁场是否异常的问题，并对其进行积极的研究。

众所周知，地球的磁极和地理极往往是不相吻合的，导致罗盘所指的北极与实际的北极有一定的偏差。但是，在地球上也存在一些"怪胎"地带——磁北极与地理北极重合，百慕大三角便是其中之一。于是，人们猜测，所谓的罗盘失灵，很可能当海员、飞行员进入这片海域时，并没有意识到这是一片磁偏角为零的海域，没有及时校正罗盘指针的磁偏角，反而误以为罗盘出现故障，从而迷失方向。对于这里的磁场问题，人们还没有达成共识。

海龙卷的"孕育地"

相对"磁场说"，海洋科学家们更愿意相信是海上"恶龙"——海龙卷在兴风作浪。海龙卷是一种生成在海面的龙卷风，是一种比台风更具破坏力的灾难性天气。这种"海上恶龙"，可以轻易地将一个三四层楼高、重达110吨的储油罐举到15米的空中，然后又把它甩到100多米以外的地方。因此，当船舶或飞机遇上海龙卷时，自然被卷得无影无踪。

虽然海龙卷破坏力极强，但并不是所有的海域都适合它"生存"。然而，不幸的是，百慕大三角复杂的洋流结构，却使它成了海龙卷的"孕育地"。这片海域位于大西洋北部，有墨西哥暖流、北赤道暖流和加那利寒流等北大西洋洋流从这里流过。"路过"的寒流和暖流，形成温度差别很大的冷、暖两种气流。当冷暖空气突然相遇时，在气压梯度力与地转偏向力的作用下，便会形成剧烈旋转的气旋，将海水包括海面上的飞机、轮船席卷而走。

可问题是海龙卷生成速度快、"寿命"短，从开始到结束一般维持不了几分钟。当救援队接到求救赶到现场时，失事的轮船或飞机早就消失得无影无踪，而海面一片平静。因而，这一答案也不能完全取得人们的相信，目前，科学家依然在探索百慕大三角的秘密。

可燃冰捣鬼

随着对百慕大三角更深层的探索，科学家发现其海底蕴藏着大量的可燃冰，并推测这很有可能就是百慕大三角事件的幕后真凶。那么，可燃冰究竟是何方神圣，为何具有沉船、毁机的本事呢？

"可燃冰"又称天然气水合物，是由水和甲烷在高压、低温条件下混合而

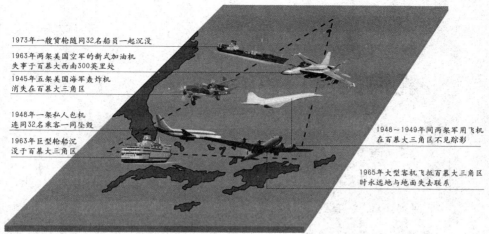

1973年一般货轮随同32名船员一起沉没

1963年两架美国空军的新式加油机
失事于百慕大西南300英里处

1945年五架美国海军麦炸机
消失在百慕大三角区

1948年一架私人包机
连同32名乘客一同坠毁

1963年巨型轮船沉
没于百慕大三角区

1948~1949年间两架军用飞机
在百慕大三角区不见踪影

1965年大型客机飞抵百慕大三角区
时永远地与地面失去联系

不祥之海

大约有1000名飞行员、水手和乘客在100多种不同的飞机和船只失事中消失在百慕大。

成的一种固态物质，外貌极像冰雪或固体酒精，遇火即可燃烧。一般情况下，可燃冰都会安分地待在海底地层中，不会干扰人类的生活。可是，当它们受到干扰，如海底地震，"暴露"在海底时，由于外界压力小，便会迅速融化成甲烷（气体）。这些气体从海底向上冒，在海水中形成无数气泡，使海水密度降低，浮力变小。当这些气泡上冒到海面破裂，就会造成海水瞬间的"中空"，当船只由"实水"驶入"虚水"区时，便会沉入海底。另外，甲烷气也被猜想为与飞机的坠毁有关。当甲烷上升到海面上空时，由于它比常态的空气稀薄，因此同样无法提供飞机飞行所需的浮力。此外，甲烷可能会干扰飞机测高仪的功能，而测高仪的功能是借由量测周围空气的密度来测定高度。因为甲烷密度较小，测高仪会显示飞机正在爬升，如此一来造成飞行员降低飞行高度而坠落。另一个可能是甲烷遭遇灼热的飞机尾气，被"点燃"，进而引发飞机爆炸。

除此之外，关于百慕大三角之谜，还存在着多种奇异的假说，如外星人说、黑洞说、晴空湍流说、水桥说等。但是，不管如何，任何一种说法都无法令人完全信服。因此，百慕大三角依然蒙罩着神秘的面纱。

乳海翻滚白色波涛

鹦鹉螺号穿行在浩瀚无垠的印度洋时，既看不见船影，也看不到岛屿。一切都很平静，阿龙纳斯教授仍旧整日观察着海洋生物并记录海洋日志。直到一天晚上，教授一行人惊奇地发现"海水仿佛变成了乳汁似的"。教授的仆人康塞尔对此惊讶不已，教授告诉他这就是有名的"乳海"，而且这种让他惊讶不已的白色是由水中无数细小发光的纤毛虫所致。

乳白色海洋真实存在

数百年来，水手们都会被告知一个据说发生在遥远大海中的神秘故事。他们反复讲述，苍茫大海中会在瞬间涌现出绵延数千米的乳白色的、发光的海水。由于没有人能对这种现象给出合理解释，大部分人都不把"乳白色海洋"放在心上，只当是说大话或者是单纯认为某人因精神错乱而产生的幻觉，是那些渴望回到陆地的水手们的想象而已。然而，伟大的科幻小说家儒勒·凡尔纳却没有轻视这一现象，他的名著《海底两万里》中，描绘过鹦鹉螺号潜艇穿过一片发光的"乳海"的情景。

岁月如梭，眨眼间到了更加现代化的时代，船员们依然在不断报道像凡尔纳在他的书中所描绘的"乳海"，尤其在印度洋海域。因此在2005年，在加利福尼亚州蒙特利海军研究中心的史蒂文·米勒博士的带领下，一组科学家决定去近距离研究水手们所谓的"乳白色海洋"。他们运用卫星传感器采集的数据，证实了"乳白色海洋"事件所诉属实。

发光细菌"领地"

在科学家们确定了"乳白色海洋"现象不是水手们臆想的情况之后，他们的任务当然是要找出引起这一现象的原因。科学家们选用了从阿拉伯海西部收集的，来自1985年的一次持续3天的"乳白色海洋"事件后的海水作为水样，这些水样显示，水中有一种无色透明的发光细菌（长不超过0.2毫米）存在，这种细菌被称为"哈氏弧菌"。

哈氏弧菌不同于那些比较常见的发光生物鞭毛藻，鞭毛藻能发射出短暂的光亮，而哈氏弧菌则能产生微弱且持久的光。那么，这些细菌是如何放光的呢？这些细菌利用化学反应中的两种物质发光：一种是荧光素，另一种是荧光素酶。这两种物质作为一种酶，可以促使荧光素氧化，同时产生作为副产品的光。

显微镜下的海水微生物

乳海（也叫牛奶海）

因其海水中含有哈氏弧菌能发出微弱且持久的光，因而使途经此地的航海家们看见了一片乳白色的海洋。

事实上，哈氏弧菌与鞭毛藻发光的用处有所不同，鞭毛藻通过光来避开捕食者，而哈氏弧菌正是用光来吸引鱼类的。它们希望被鱼吞食，因为哈氏弧菌最喜欢的生存场所就是鱼肠。由于哈氏弧菌自身只能发出非常微弱的光芒，所以它们需要聚在一起以产生更大的影响。想象一下，当它们的数量膨胀到400万亿亿个时，它们集合体的光域会多么庞大，这也就是"乳白色海洋"面积的大小。

米勒博士和他的同事们还没有完全确定，到底是什么原因促使这么多细菌聚集到一起，但是他推测，这些细菌聚集在一起也许是为开拓水中的有机物作为"殖民地"。在1985年的哈氏弧菌样本中，科学家们发现这些发光细菌把藻类中的棕绿藻作为了"殖民地"。

尽管科学家依然在探索这个神奇而缥缈的景象背后的更科学、更确定的答案，不过，至少我们现在已经知道了"乳海"确实存在，并不是科幻小说的虚构。这已经足以让我们欣喜了，因为如果有机会，我们可以亲自去目睹一下这个奇观。

第五章
"尼摩艇长"告诉你：海洋世界并不安全

小心触礁

在太平洋海域航行时，一天，阿龙纳斯教授正在平面图上查看鹦鹉螺号船只所行经的路线时，尼摩船长走了进来，指着海图，告诉教授"我们正站在瓦尼科罗岛的面前"，也就是将"罗盘仪号和星盘号两船只撞致碎裂的那些著名岛屿"。教授惊喜地向艇外张望，发现在瓦尼科罗岛周围环绕着40海里长的珊瑚礁。

小虫造大礁

人们对"珊瑚礁"这个词并不陌生，但却并不一定能准确地给珊瑚礁定义。有的将它定义为"不能活动的大石头"，有的则将它与珊瑚虫混为一谈。其实珊瑚礁与"石头"（碳酸钙组成的硬质石灰石）、珊瑚虫都有关系。微小的珊瑚虫是整块礁石的创造者，而"石头"则最终构成了我们所见到的壮观景象。现在，对于珊瑚礁的科学解释是：珊瑚礁是由珊瑚虫的骨架和生物碎屑组成的，具有抗浪性能的海底石灰质隆起。

触须
口
内壁
体壁
隔膜
骨片

珊瑚虫的结构

说珊瑚虫是珊瑚礁的创造者，是因为它们具有分泌碳酸钙形成外骨骼的功能，它们世代交替增长，一代代珊瑚虫遗体堆积就形成了我们所看到的珊瑚礁，成形的珊瑚礁生长速度可以用"蜗牛爬"来形容，

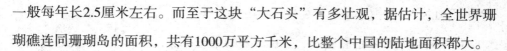

一般每年长2.5厘米左右。而至于这块"大石头"有多壮观，据估计，全世界珊瑚礁连同珊瑚岛的面积，共有1000万平方千米，比整个中国的陆地面积都大。

值得一提的是，"造大礁"的小珊瑚虫有如此的成就，其中一半应该归功于它们体内的"共生者"——虫黄藻。之所以这么说，是因为科学家们发现，并不是所有的珊瑚虫都具有造礁的能力，而两者的区别就在于，造礁珊瑚虫都与虫黄藻共生，而非造礁珊瑚虫是没有的。那么，这种体内共生者到底在其中起着怎样的作用呢？

珊瑚虫造礁的过程中，需要补充大量的氧气和碳水化合物作为营养，这些紧靠海水的供应是远远不够的。另外，珊瑚虫在新陈代谢过程中，还会排出大量的二氧化碳，妨碍骨骼的增长。然而，关于珊瑚虫的"烦恼"——二氧化碳"过剩"和氧气"不足"等问题，在它的共生者看来都不是问题。

在阳光下，虫黄藻迅速吸收二氧化碳等珊瑚虫排泄物，进行光合作用获取营养，释放出代谢物——新鲜的氧气和碳水化合物，为珊瑚虫提供源源不断的营养。在虫黄藻最基本的新陈代谢中，珊瑚虫的所有烦恼瞬间迎刃而解。由此可见，正是有了虫黄藻的默默支持，珊瑚虫才能够一步步造出大礁。

生物"乐园"

这些海域一向是海洋生物的天堂。在长期的进化中，珊瑚礁形成了地球上多样性最丰富的生态系统之一，其物种繁多只有热带雨林可比拟，全世界的海洋生物有1/4生活在珊瑚礁上。无脊椎动物如海绵、海参、海星、蛤类及水蛭等动物随处可见；较大的动物，如海龟及鲨鱼等也常在礁岩边觅食。这个复杂且敏感的生态系统已在地球上存活了数十亿年，与许多生物形成了奇妙的关系。

珊瑚礁附近丰盛的海藻，吸引了小鱼小虾的光顾，而石斑鱼、梭鱼等鱼类又游来捕捉小鱼小虾为食，鲨鱼及其他大型鱼类也随之跟踪而至，珊瑚礁便形成了一个完整的生态系统。因此，在岩质地形的浅海水域，最容易形成各类动植物汇集的"生命海洋"。

正常的珊瑚礁是色彩缤纷、生机旺盛的生态系统，对海洋的酸化、富营养化、海水温度、盐度等细微变化反应灵敏。一旦珊瑚礁出现异样，里面生活的各种鱼类、软体动物、浮游动物及海藻等，就会"举家搬迁"。这种奇特的现象成为人们判断全球海洋生态环境的"监测器"。

珊瑚礁密布易触礁

在广阔无垠的地球表面有70%的地表为水所覆盖，因此地球又被称之为"水星球"。而这70%的水大部分为大洋，大海仅是其中的一部分。在全球的大海中，面积大小、水体深度等都各不相同，其中面积最大、水体最深的海要数位于南太平洋的珊瑚海。

而这广阔的海域曾是珊瑚虫的天下，它们巧夺天工，留下了众多的环礁岛、珊瑚石平台，像天女散花，繁星点点，散落在广阔的洋面上，因此得名珊瑚海。故事中所提到的"罗盘仪号和星盘号两船只"正是在这美丽又危险的珊瑚海中撞到珊瑚礁而沉没的。

世界有名的大堡礁就分布在珊瑚海海区。它像城垒一样，从托雷斯海峡到南回归线之南不远，南北绵延伸展2400千米，东西宽约2~150千米，总面积8万平方千米，为世界上规模最大的珊瑚体。

珊瑚礁为什么会在此处如此壮观呢？原来，这里满足珊瑚礁挑剔的"胃口"。珊瑚海地处赤道附近，因此，它的水温也很高，全年水温都在20℃以上，最热的月份甚至超过28℃。这里海水清澈透明，水下光线充足，海水盐度一般在2.7%~3.8%之间，而且在珊瑚海的周围几乎没有河流注入（珊瑚海水质污染小的原因），这是珊瑚虫生活的理想环境，因此不管在海中的大陆架，还是在海边的浅滩，到处有大量的珊瑚虫生殖繁衍。久而久之，逐渐发育成众多形状各异的珊瑚礁。

　　无独有偶，珊瑚礁生活的理想环境也是船只通航最适宜、最繁忙的航道。以珊瑚海为例，它是太平洋上船只经由托雷斯海峡进入印度洋的交通要道，可想而知，如此大规模的珊瑚体肯定会成为交通上的一个障碍，加之，珊瑚礁大部分隐没水下成为暗礁，只有少数顶部露出水面成珊瑚岛，当海水上涨后，船只经过时很难发现，或者船只看到露出水面的一小部分珊瑚礁，就决定通过航道，结果到跟前是才发现是不可穿越的巨大珊瑚礁体，到时为时已晚，只能是触礁沉没的命运。

　　同时，珊瑚海中还生活着成群结队的鲨鱼，所以，珊瑚海又被人们称之为"鲨鱼海"。如果经过的船只没有因触礁而沉没，只是被困在珊瑚礁群中，那么，生还的可能性也几乎为零了。

珊瑚礁在消亡

　　不过，即便是这些珊瑚礁给海上航行带来了许多不可测的危险，但我们绝

　　在红海的温暖水域中，珊瑚从阳光中吸收能量。珊瑚中因为含有一种被称为"类胡萝卜素"的色素而呈现出绚丽的颜色，这种色素在植物中经常可以找到。纯类胡萝卜素通常是橘黄色、黄色或者红色的，但是珊瑚可以将之与其他物质调和出吸引人的蓝色、紫色和蓝紫色。很多珊瑚还能发出荧光，也就是说在紫外线下可以看到其闪出明亮的颜色。

不希望这海洋系统中重要的一环消失。可目前受全球变暖、污染和海岸开发的影响，地球上的珊瑚礁变得黯然失色，并正在逐渐消失。与此同时，各国纷纷采用的拖网捕鱼技术以及日益繁荣的国际珊瑚贸易，也让珊瑚礁面临着严重的生存危机。今天，至少19%的珊瑚礁已经"成为历史"。

业内人士介绍说，一条珊瑚项链可卖到2.5万美元，而1公斤加工过的珊瑚价格高达5万美元。据统计，在地中海和太平洋，尽管与20世纪80年代中期相比，现在的珊瑚年采集量已大幅下降，但每年仍有30至50吨珠宝级珊瑚被采集。研究人员悲观地估计，在未来100年间，如果人类不采取有效保护措施，世界各地的珊瑚礁将会"消失殆尽"。

珊瑚礁周围是如此重要的"生命海洋"，人们应该加以特别保护，可是目前，更多的珊瑚礁仍面临"折寿"的危险。美国科学家们深入数十米深的海底对珊瑚礁生态圈进行了考察，结果发现，全球10%的珊瑚礁已被破坏，有70%的珊瑚礁正面临破坏和衰败的边缘。

科学家称，珊瑚礁破坏本来就不易察觉，流入海洋的污水、废弃物、泥沙淤积、过度捕捞等，都会对珊瑚礁生态系统造成严重破坏。加之珊瑚礁海域大

大堡礁是世界上最大最长的珊瑚礁群，吸引了世界各地的游客前来观赏。

都处在公海，责任分配不明，因而珊瑚礁的保护并不像热带雨林保护那样能引起政府部门及民间团体的充分重视。如果不及时加以保护，这一区域的珊瑚礁很可能在20年内就从地球上消失。

如果微生物、石灰石合成的珊瑚礁可以被归为"动物"的话，那它有可能是地球上寿命最长的动物。大部分动物的年龄都不容易判断，但珊瑚礁却是个例外，原因在于珊瑚礁会因应季节的变化，累积形成较疏松或较紧密的骨骼。将骨骼切成薄片，便能运用X光发现它具有一明一暗的年轮，就像树的年轮一样，科学家便可由此推算珊瑚礁的年龄。

前面还提到，珊瑚礁生长十分缓慢，每年增加的长度都在厘米级，在生长条件不利时会更慢。研究人员曾根据养分、盐度、溶氧量等统计出了珊瑚生长速度的规律，发现那些海底长度超过1米的珊瑚，可能已经生长了一个多世纪！

如此"高龄"且生长缓慢的动物，一旦消失了，如果人类想再见到它们，并恢复其周边的生态系统，又要经历那数十亿年的时间。从时间的角度来说，我们再见到它们的可能性几乎为零。

冰雪世界陷阱多

在《冰雪覆盖南极海》章节我们讲到尼摩艇长带着阿龙纳斯教授一行人去南极冲撞大冰盖，却被流冰群包围。但最终他们还是顺利地逃脱了险境，离开了南极。如果我们了解了南极的险恶环境，就会知道能够到达南极海已经是相当幸运了，而鹦鹉螺号却能在"一直延伸到地平线边"的大浮冰下死里逃生，并且奇迹般地通过了"魔海"到达当时还无人进入过的南极点，不得不说这是一次"生命赌博"，不过，他们赌赢了！

冰山"隐身术"

如果到了南极，首先映入眼帘的肯定是它那冰雪覆盖、四季如冬的景象，即便是想象，也已瞬间有一股寒意袭来。

在地球纬度66.5°以上（即南极圈和北极圈）的海域，由于获得的太阳辐射热很少，终年冰雪不化。独特的气候造就了与众不同的"风光"，这其中最壮观的景色当属高如摩天大楼的冰山。这些冰山在阳光、碧水映照下绚烂夺目，犹如汉白玉雕成的"玉山"。然而，这些美如白玉的冰山，却是引发海难的头号"杀手"。很多人都会纳闷，海面上为什么会结出如此巨大的冰山来呢？

其实，导致海难的冰山，并不是海洋中的产物，而是来源于陆地。在南极和北冰洋周围的岛屿上发育着很多冰川。这些冰川将大陆整个都覆盖掉了，形成一个大冰盖，并有部分延伸到海洋。这部分称为冰舌（或冰架），体积大小不一，最大可达上万平方千米。而冰舌在风暴来临和气候变暖时，从冰盖主体断裂开，落入大海成为冰山，随着风或洋流四处漂流。这样，许多船只在没有觉察到（或觉察后为时已晚）的情况下，已经沉入海中了。就连工业时代的骄傲——永不沉没的"泰坦尼克"号邮轮，也因没有躲过冰山而葬身海底。

如此大的冰山，为什么航行的船只却看不到呢？由于冰山的密度为0.917千克/立方米，海水的密度约为1.025千克/立方米，两者的密度相近，因此冰山并不会沉入海底，也不会完全浮在水面上，而是微微露出冰山一角，漂浮在海中。因此，很多航行的船只看到，都以为是一般的海冰，

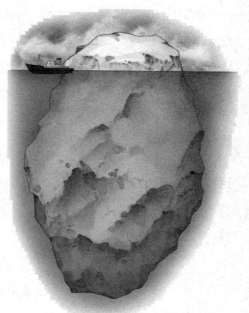

一座高大的冰山，大约只有11%的部分露出水面，其余部分都隐藏在水下。如果气候变暖的趋势没有缓解，全世界所有的冰川都融化了，直接后果就是海平面的上升，幅度可能会达到9米。

想要破冰前进。等行至跟前时，已经来不及了，结果只能是，沉入大海。

海冰是个"破坏王"

讲到这里，我们知道，冰山和浮冰受风和海流作用而产生运动，那么，其推力自然与冰块的大小和流速（风速）有关。1971年冬，位于我国渤海湾的新钻井平台观测结果计算出，一块长6千米，宽为1.5米的大冰块，在流速不太大的情况下，其推力可达4000吨，足以推倒石油平台等海上工程建筑物。

海冰对港口和海上船舶的破坏力，除上述的推压力外，还有海冰胀压力造成的破坏。经计算，海冰温度降低1.5度时，1000米长的海冰就能膨胀出0.45米，这种胀压力可以使冰中的船只变形而受损，甚至还能破坏海上钻井平台。

我国1969年渤海特大冰封期间，流冰摧毁了由15根2.2厘米厚锰钢板制作的直径0.85米、长41米、打入海底28米深的全钢结构的"海二井"石油平台；另一个重500吨的"海一井"平台支座拉筋全部被海冰所产生的胀压力割断，可见海冰的破坏力给船舶、海洋工程建筑物带来了多么严重的灾害。

既然海冰具有如此破坏性，那么，我们是否能想办法将其摧毁？这其实并不容易，上面提到的渤海特大冰封时期，为解救船只，空军曾在60厘米厚的堆积冰层上投放30公斤炸药包，结果还没有炸破冰层。海冰为何如此坚不可摧呢？原来，海冰的抗打击强度和温度是密切相关的，冰的温度愈低，抗压强度就愈大。

警惕雪盲症

在南极大陆有一种神奇的"白光"，曾使不少勇敢的探险家丧命。1958年，在南极埃尔斯沃斯基地上空，一架直升机的驾驶员突然遇到这种白光，眼睛顿时失明，飞机失去控制，坠毁在雪原上。

移动的冰川

而在高山冰川积雪地区活动的登山运动员和科学考察队员，忘记了戴墨镜，也时常被积雪的反光刺痛眼睛，甚至暂时失明。智利的南极探险家卡阿雷·罗达尔，有一次外出工作，没有戴墨镜而遇到白光。他感到有一个光的实体向他移动，先是玫瑰红的，接着变成肉色。这时眼睛疼痛极了，接着就什么也看不见了。幸亏同伴找到了他，把他带回基地。过了三天视力才恢复过来。

医学上把这种现象叫作"雪盲症"。雪盲是人眼的视网膜受到强光刺激后而临时失明的一种疾病，一般休息数天后，视力会自己恢复。

然而，多次雪盲逐渐使人视力衰弱，引起长期眼疾，严重时甚至永远失明。那么，雪盲症的罪魁祸首白光到底是出现在哪里呢？

想来，出现白光的雪面，当然要比普通雪面所反射的阳光更集中更强烈了。所以，在南极辽阔无垠的雪原上，有些地方的积雪表面，微微下洼，好像探照灯的凹面。在这样的地方，就有可能出现白光。

至于为什么会导致人失明，原因来自积雪对太阳光很高的反射率。所谓反射率，是指任何物体表面反射阳光的能力。这种反射能力通常用百分数来表示。比如说某物体的反射率是45％，这意思是说，此物体表面所接受到的太阳辐射中，有45％被反射了出去。雪的反射率极高，纯洁新雪面的反射率能高达95％，换句话说，太阳辐射的95％被雪面重新反射出去了。这时候的雪面，光亮程度几乎要接近太阳光了，肉眼的视网膜怎么能经受得住这样强光的刺激呢？这也就解释了我们通常在电视上看见的登山运动员和科学考察队员为什么都戴着墨镜。

火山寻缝而出

当鹦鹉螺号驶向一片火山喷发的海域时，热气逼人，不堪忍受。而且"由于铁盐的染色作用海水由白变红。一股难闻的硫黄气味渗入了全封闭的客厅"。这时，尼摩艇长讲述了自己亲眼看见新的小岛在火山喷发的气体中冒出海面的情景，并告诉阿龙纳斯教授"在火山地带，任何东西在任何时候都不可能静止不变"，这颠覆了教授最初以为新生岛屿的形成早已结束了的观点。

"水深火热"大洋底

一提起火山，很多人的脑海中就会出现这样的一幕：在陆地上某一高山之顶，突然喷发出火红色的岩浆……但你是否知道，火山爆发的真正舞台并不是陆地，而是海洋。据统计资料显示，地球上80%的火山都爆发于海洋，即全世界共有海底火山2万多座。这其中，最活跃的当属太平洋，它拥有全世界海底火山的一半以上，释放的能量约占到全球火山的80%。

这些火山中有的已经衰老死亡，有的正处在年轻活跃时期，有的则在休眠，不定什么时候苏醒又"东山再起"。海底火山，不论死活，统称为海山。海山的个头有大有小，一二千米高的小海山最多，超过5千米高的海山就少多了，露出海面的海山（海岛）更是屈指可数了。如美国的夏威夷群岛（一座露出海面的海山），它拥有面积1万多平方千米，有居民10万余众，气候湿润、森林茂密、土地肥沃，盛产甘蔗与咖啡，有良港与机场，是著名的旅游胜地。

海山中现有的活火山，除少量零散在大洋盆外，绝大部分在大洋中脊的断裂带上，呈带状分布，统称海底火山带。为什么海底火山大部分位于大洋中脊的断裂带上呢？

基拉韦厄火山位于太平洋的夏威夷群岛上，海拔1 247米，这是一座终年不息的活火山，几乎天天都有熔岩喷出，形成世界上最大的岩浆湖。

这里我们首先需要知道火山是由于海洋板块和大陆板块相互撞击而形成的。大陆板块是由相对较轻的花岗岩构成，而海洋板块则是较重的玄武岩构成。当两种板块碰撞时，较重的海洋板块楔到大陆板块下边，斜插进地幔，形成了深深的海沟，或者深海槽。进入地幔的玄武岩再次熔化，逐渐积聚，在巨大的压力作用下，向上寻求"出路"。

那么，出路在哪里呢？就在板块之间最不稳定的缝合线地带——大洋中脊，由于受地壳运动的影响，缝合线两边的板块极不安分，每天都在不停地运动着。不过，它们并不是越靠越近，而是越离越远，企图摆脱"缝合线"的束缚。就这样，在大洋中脊上便出现了许多被撕裂的缝隙。这正好为地幔层炙热的岩浆提供了"出路"，它们从缝隙中溢出、喷射，形成了海底火山，等冷却后形成新的地壳。有些海底火山继续向上堆积，最终露出海面，形成火山岛群，如前面所说的夏威夷群岛。

由于地壳运动每天都在发生，因此过一段时间，海底火山喷发的情景就会上演，无休无止。因而，洋底一直处在"水深火热"之中。

海底"平顶山"

按照一般的想象，海底火山应该是圆锥形的。当然，在很长一段时间内，人们所知的海底火山确实都是圆锥形的。可到二战期间，美国普林斯顿大学教授H·H·赫斯任"约翰逊号"船长，接受了美国军方的命令，负责调查太平洋洋底的情况。他带领了全舰官兵，利用回声测探仪，对太平洋海底进行了调查，结果发现了数量众多的海底平顶山。平顶山的山头好像是被什么力量削去的，它们或是孤立的山峰，或是山峰群，大多数成队列式排列着。这是人类首次发现海底平顶山。这种奇特的平顶山有高有矮，大都在200米以下，凡水深小于200米的平顶山，赫斯称它为"海滩"。

赫斯发现海底平顶山之后，非常纳闷，他苦苦思索着：山顶为什么会那么平坦？滚圆的山头到哪儿去了？后来，经过科学家们潜心地研究，终于解开了这个谜。原来，海底火山熔岩喷发之后形成的山体，山头当时的确是完整的。如果海山的山头高出海面很多，任凭海浪怎样拍打冲刷，都无法动摇它，因为海山站稳了脚跟，变成了真正的海岛，夏威夷岛就是一例；倘若海底火山一开始就比较小，处于海面以下很多，海浪的力量达不到，山头也安然无恙。只有一种情况例外，就是一些海山在剧烈的地壳运动中，一边侧移而远离洋脊，一边垂直下沉，正好形成了不高不矮、山头略高于海面的海山，海浪乘它立足不稳，拼命地进行拍打冲刷，年深日久的功夫，就把山头削平了，成了略低于海面、顶部平坦的平顶山。

地震无休止

　　前面讲到过失踪的亚特兰蒂斯，也就是传说中的"大西洲"，是在一次特大的海底地震和洪水中，消失得无影无踪的。其实，在人类历史的长河中，发生过许多城市、村镇、港口由于海底地震、火山等天灾沉入海底的事例。那么，海底地震为何会具有如此大的能量呢？又为何与洪水相伴而行呢？

异常猛烈

　　许多人认为只有陆地才经常发生地震，其实在深深的海底，地震发生的频率更高。据统计，全球80%的地震集中在幽深的海底。特别是在太平洋周围平均深度4000米以上、终年暗无天日的海沟里以及它附近的群岛区的深海中，地震尤为频繁（这与海底火山发生状况相同）。海底地震是异常猛烈的，这些地震每年释放的能量足以举起整座喜马拉雅山，相当于10万颗原子弹爆炸产生的能量。

　　至于海底地震的路线，可以从地震的深度变化中得知：一般在海沟附近，地震震源较浅；而向着大陆方向，震源的深度逐渐变大。如果把这许多地震震源排列起来，便可组成一个从海沟向大陆一侧倾斜下

构造板块的交接地带，极易引起地震和火山爆发。

去的斜面。这一倾斜的震源面，实际上标出了海底地块向大陆一侧俯冲下去的踪迹。

当然，这种俯冲运动会积蓄巨大的能量，当地壳出现突然断裂或移动时，能量就会以地震波的形式向外释放，海底地震就形成了。地震波就像水体被搅动时能量会以波的形式向四周传递，会使地表上下震动并产生巨大的破坏力。

引发海啸

同时，地震的表面波（一种地震波）还时常伴随着另一种灾难——海啸。文中也说到大西洲是在一次特大的地震和洪水中消亡的。让我们来看看地震是如何引发洪水的？

地震波的巨大能量迫使从海底到海面几千米"厚"的海水跟着"震动"，在海水上层形成巨大而迅猛的波浪，并向四周更远的海域扩展，这就是海啸。

其实，海啸的发生并不易察觉。因为海底地震引发的海啸波长很长，波高仅为1~2米，因而从海面上几乎看不出什么变化。但是波浪的传播速度很快，在水深3000米的大洋中，每小时可传播几十千米，有时竟达数百千米，当它在地震波的推动下传至浅海或近岸，由于深度突然变浅，地震波就会受到阻碍"反弹"，与后面传来的地震波相碰撞，浪头骤然增高，掀起一面巨大无比的"水墙"（高达20~40米），冲向陆地。当人们明白时，水墙已经以迅雷不及掩耳之势扑奔而来，将沿途的一切房屋、树木、人畜、财产一口吞没而去。最可怕的是，海啸波不会一次释放完，会又卷土重来，就这样一进一退，无坚不摧地多次急剧往返，所经之地均被"洗劫"一空。

从实测得知，海底地震引发的海啸对被冲击的海岸每平方米的波压可达20~30吨。美国比斯开湾的一次大海啸，拍岸浪波压竟达每平方米90吨。据历史记载，1755年11月1日，大西洋欧洲沿海的葡萄牙首都里斯本发生海底大地震而引起大海啸，海水巨浪高达18米，海岸附近几乎所有的建筑物都被怒涛摧

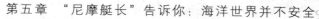

海啸是由于深海地震引起的巨大的、具有极大破坏性的海浪。

毁，无数船只沉没，里斯本全城建筑仅在6分钟内被倾毁殆尽，10万人死于海啸巨浪之中，这突如其来的巨大破坏力，给海底地震海啸蒙上了神秘与恐怖的色彩。

虽然海底地震每时每刻都在发生，不过，并不是所有的海底地震都会引发海啸，这主要取决于震级和震源。一般认为，海啸是由震源在海底以下50千米以内、里氏6.5级以上的海底地震引起的。

强风"变脸"藏杀机

当鹦鹉螺号位于长岛附近、距离去纽约的航道几海里的海面上航行的时候，遭遇到了暴风雨。而之所以阿龙纳斯教授能够如此近距离的观察暴风雨，是因为尼摩艇长不指挥潜艇潜入大海的深水层里躲避暴雨，而是停留在海面上与暴风雨抗争。飓风以每秒45米的速度在海上肆虐，这种速度能够掀翻房屋，将瓦片嵌入木门，卷走口径24厘米的大炮。而幸运的是，它没有对鹦鹉螺号造成伤害。

转着"行走"的台风

在日常生活中，人们常把6级以上的风统称为大风，大风对海上生产，特别是较小动力渔船的安全造成了一定威胁。台风实际上是最强的大风，但它与平常的大风有着明显的区别。气象学上对台风的定义是：台风是发生在热带沿海地区（一般多发于纬度5°～20°）的一种强烈的气旋性涡旋。

世界气象组织将热带气旋分为四类：即中心附近平均最大风力为7级及其以下的称为热带低压；平均最大风力8～9级的称作热带风暴；10～11级的则称为强热带风暴；12级才称为台风。全球不同国家均按热带气旋中心附近最大风力的大小进行分类并给予不同的名称。

生成于台湾东南面西太平洋热带海域的强热带气旋，在我国、日本和东南亚一些国家称其为台风；在北大西洋及东太平洋沿岸国家，则称为"飓风"；澳大利亚大洋洲地区称之为"威力"。但无论它的名字有多少变化，它的本性却是不变的：喜怒无常，狂暴而又伤人。台风移动速度极快，可达100米/秒，

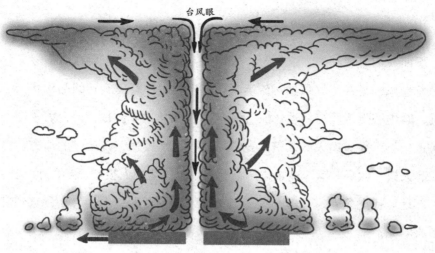

台风眼中气流下降，因而风平浪静。

因而破坏力极强。在海上它会掀起巨浪，将船只拍成碎片；在陆地上能吹倒房屋，甚至把树木连根拔起……

简单地说，台风的实质是一团旋转的空气，外围的空气绕着它的中心旋转，边以逆时针方向旋转边行走，旋转和行进的速度都是非常快的。同时，还要挟带着大量的水汽上升，形成大片密密麻麻分布的云层，从而形成狂风暴雨的天气。

不过，虽然台风外围的威力非常惊人，但它的中心区（台风眼）却相对温柔，它是一个直径大约为10千米的圆形区域。在这个圆形区域内，由于外围的空气旋转速度极快，外面的空气不易进到里面去，所以区域内的空气反而几乎是不旋转的，因此也就几乎是没有风的。而且台风眼区，空气是下沉的，空气在下沉时气温升高，因而雨消云散，会出现暂时的晴天；若是夜晚，人们还能看到一颗颗闪烁的星星。然而别高兴得太早，因为这种短暂的晴好天气一般只能维持6个小时，台风眼过去了，接下来就是外围狂风暴雨的恶劣天气经过的时间了。

龙卷风"吸水"

　　下面我们要说到的"这位"，人们最希望的，就是不要在海上遇见它。它就是龙卷风，是在空气强烈对流运动中产生的一种高速旋转的漏斗状云柱强风涡旋，其中心附近风速可达100～200米/秒，最大300米/秒，比台风（产生于海上）近中心最大风速大好几倍。龙卷风的破坏性极强，其经过的地方，常会发生拔起大树、掀翻车辆、摧毁建筑物等现象，甚至把人吸走。2011年5月初，美国南部地区遭遇龙卷风袭击，大量市镇被毁，数百人丧生。那么，它到底是怎么形成的呢？

　　龙卷风是大气的不稳定性产生的强烈上升气流，由于与在垂直方向上的风相互作用，上升气流开始旋转，形成气旋（北半球，气流呈逆时针旋转）。随着气旋向地面发展和向上伸展，它本身变细并增强。同时，会出现一个小面积的增强，即初生的龙卷在气旋内部形成，与产生气旋的过程相同，形成龙卷核心。龙卷核心中的旋转与气旋中的不同，它的强度足以使龙卷一直伸展到地面。当发展的涡旋到达地面高度时，受龙卷中心气压极度减小的吸引，近地面几十米厚的气流被从四面八方吸入涡旋的底部，并随即变为绕轴心向上的涡流。这也是形成漏斗云柱的重要原因。

螺旋状的上升气流在雷暴云系下形成龙卷风

　　因而，如果龙卷风移动经过水面，龙卷风中心就像注射器一样把水吸上天，因而龙卷风又名"龙吸水"。

龙卷风的前进速度可达每小时180千米。

不过，由于重力的作用，液态水不可能长时间在天上，所以"龙吸水"过后，吸到天上的水就会落下来形成雨，而且是大暴雨。

南极杀人风

在南极考察队员中流传一句：南极的冷不一定能冻死人，南极的风却能杀人。

风能杀人，这话听起来似乎令人难以置信，有那么严重吗？你也许会提出这样的疑问。可是那些领教过暴风厉害的人，无不谈风色变。

南极是世界的"风极"，有人称南极是"暴风雪的故乡"。那里平均每年8级以上的大风有300天，年平均风速19.4米/秒。1972年澳大利亚莫森站观测到的最大风速为82米/秒。法国迪尔维尔站曾观测到风速达100米/秒的飓风，我们通常所说的12级台风，风速达到32.6米／秒，这相当于12级台风的3倍，是迄今世界上记录到的最大风速。南极风暴之所以这样强大，原因在于南极大陆雪面温度低，附近的空气迅速被冷却收缩而变重，密度增大。而覆盖南极大陆的冰盖就像一块中部厚、四周薄的"铁饼"，形成一个中心与沿海地区之间的陡坡地形。变重了的冷空气从内陆高处沿斜面急剧下滑，到了沿海地带，因地势骤然下降，使冷气流下滑的速度加大，于是形成了强劲的、速度极快的"下降风"。

当极地风暴出现（巨大的下降风）时，雪冰夹带着沙子从滑溜溜的冰坡铺天盖地滚来，简直像一股飞奔而来的洪流，人在暴风中不过像迅猛流水中的一片叶子或一粒石子，休想站住脚。日本的一位考察队员就在暴风雪中被吹得卡在冰柱中失去了生命。

在南极的各国科学站，都经常遇到暴风的袭击。尤其是寒冷而黑暗的冬季，呼啸的狂风，将房屋摧毁，推倒通讯铁塔，卷走车辆，甚至将一座科学站变成一片废墟的事也时有发生。

沉船事故多发海域

　　我们前面讲到过鹦鹉螺号潜艇遇到了大灾难——挪威海大漩涡，可也正是因为这场灾难才使得阿龙纳斯教授一行人得以离开潜艇，回到了梦想已久的陆地上。其实，鹦鹉螺号海上航行过程中经过了许多处事故多发海域，比如，好望角、威德尔海和圣劳伦斯湾，下面让我们来揭秘一下这些海域为什么事故多发。

挪威海大漩涡

　　在北极圈附近的挪威海沿岸，常可看到一种奇特的海水涡旋现象。当这种涡旋出现时，海水奔涌的巨响在数千米以外就能听到，随之数股海水便在海岸附近翻腾转动起来，逐渐形成千百个小漩涡，越转越大，越转越急，终于形成汹涌澎湃的大漩涡。漩涡中心深陷10多米，直径几十米。当这种涡旋急速旋转时，也带动着水面上空气的回旋，发出阵阵呼啸声。此时，水声风声相互融合在一起，构成令人心惊胆战的场面，这就是闻名于世的萨特漩涡。

　　萨特漩涡的出现与潮汐及特殊地形有关。挪威沿海因深受第四纪冰川作用，素以曲折深邃的峡江峡湾闻名于世。萨特漩涡位于一个长约1.8千米，深约90米的峡湾中，最狭窄处仅137米，主水道南北还有许多分支水道，大潮期间，海流时速超过18千米；每次涨落潮时，流过峡湾的海水超过7500万立方米以上。巨量海水从峡湾深邃狭窄的水道中流出流进，急如瀑布，形成几道强有力的海流，互相冲撞搏击，就此出现了萨特大漩涡。因为潮汐每天两起两落，萨特涡流也按时出现4次。造成漩涡的水势随月相而变化，朔望时水流最强，上下弦时最弱。

萨特漩涡正处于博德港的航道上，每天都有许多船只航行通过，漩涡旋转得最急时，非常危险，大小船只都无法通过，因此当地在水道两端都设有信号站，白天悬挂一个红球，夜间亮一盏红灯，表示水道不宜航行；若是两个红球或两盏红灯，则表示船只可安全通过。1905年，瑞典一艘运载铁矿的船只"英雄号"，不顾水道前头信号的警告，试图强行驶过大漩涡，结果被甩向岸边撞得粉身碎骨。

好望角本名"风暴角"

从好望角名称的由来，也可看出历史上肆虐的狂风巨浪对航海事业的打击。在15世纪下半叶，葡萄牙国王若奥二世决定寻找一条通往东方印度的航道，妄图称霸海外。他于1486年派遣了以著名航海家迪亚士为首的探险队，从葡萄牙出发，沿着非洲西海岸航行，探索开辟通往印度的航道。经过一年多的艰苦航程，当船队由大西洋转向印度洋时，遇到汹涌的海浪袭击，几乎整个船队遭到覆没，迪亚士率少数亲信死里逃生流亡到非洲南端岬角处，丧魂失魄的迪亚士将其登陆的岬角命名为"风暴角"，让人们永远记住这里风暴巨浪的威力。

后来，这支船队返航回国后，迪亚士向国王汇报风暴角的历险经过时，国王对这个令人沮丧的名字极为不满，为了急于打通驶向东方的航道和鼓舞士气，国王下令将"风暴角"改名为"好望角"，示意闯过这里前往东方就大有希望了。在国王死后的第三年，由葡萄牙航海

好望角

家达·伽马率领的船队，经历了战狂风斗恶浪的艰苦航程，终于打通了葡萄牙经好望角到达东方的航线。

好望角为南非开普敦省西南端的岬角，位于南纬34°21′，东经18°30′处，濒福尔斯海西岸，正位于大西洋和印度洋的汇合处。这里惊涛骇浪长年不断，而终年狂风巨浪不断是与好望角所处的地理位置密切相关的。在南半球中纬度地带只有非洲的好望角、南美洲的合恩角、澳大利亚南部沿岸和新西兰的南岛，其他几乎被三大洋的南部海域所环绕，构成一个封闭的水圈（通称为南大洋），这里终年西风劲吹，西风很容易在这个封闭的水域里兴风作浪。至于原因，我们在第一章南极海"咆哮的四十度"中详细解释过。

在海况复杂的好望角，强劲的西风极易引发"杀人浪"。这种海浪波高一般有15～20米，在冬季频繁出现。这种波浪的特点是，在比较平静的海面会突然传来单个或者一组高达一二十米的大浪，这种大浪一般由多个波峰和波谷汇合而成，往往不易被船员发现。特别是夜晚时，当船员们熟睡之际，遭到这种特大巨浪袭击，船舶会很快翻沉。这种浪前峰陡峭，犹如一堵水墙，当船头恰好位于波谷时会突然下沉，加上巨浪以压顶之势袭击过来，船只一般很难逃过这种灭顶之灾。1973年，一艘集装箱运输船就遭到了这种波浪的猛烈袭击，结果从船头61米处拦腰折断而沉入海中。

威德尔"魔海"

说到沉船事故多发区，还有一处不得不提，那就是"魔海"，即威德尔海。它是去往南极的必经之路，经过了这里就像是在大西洋上穿越百慕大"魔鬼三角"一样的壮举，这样说有点夸张，因为百慕大三角至今仍是一个不解之谜。不过，威德尔海的"魔力"也足以令许多探险家视为畏途。

威德尔海是南极的边缘海，南大西洋的一部分。它位于南极半岛同科茨地之间，北达南纬70°至77°，最南端达南纬83°，宽度在550千米以上。它因

从图中我们可以看到远处巨大的流冰。威德尔海虽然对人类来说危险重重，却是一些动物的天堂，生活在这里的动物有企鹅、威德尔氏海豹、海燕等。

1823年英国探险家威德尔首先到达于此而得名。

准确地说，威德尔海的"魔力"是来源于断裂的冰山——流冰（很长的块状浮冰）的巨大威力。南极的夏天，在威德尔海北部，经常有成片成片的流冰群，这些流冰群像一座白色的城墙连成一片，有时中间还漂浮着几座冰山。有的冰山高一两百米，方圆二百平方千米，就像一个大冰原。这些流冰和冰山相互撞击、挤压，发出一阵阵惊天动地的隆隆响声，使人胆战心惊。船只在流冰群的缝隙中航行异常危险，说不定什么时候就会被流冰挤撞损坏，或者驶入"死胡同"，使航船永远留在这南极的冰海之中。1914年，英国的探险船"英迪兰斯"号就被威德尔海的流冰所吞噬。

同时，在威德尔的冰海中航行，风向对船只的安全至关重要。在刮南风时，流冰群向北散开，这时在流冰群之中就会出现一道道缝隙，船只就可以在缝隙中航行，如果一刮北风，流冰就会挤到一起，把船只包围，这时船只即使不会被流冰撞沉，也无法离开这茫茫的冰海，至少要在威德尔海的大冰原中待上一年，直至第二年夏季到来时，才有可能冲出威德尔海而脱险。但是这种可能性是极小的，由于一年中食物和燃料有限，特别是威德尔海冬季暴风雪的肆虐，使绝大部分陷入困境的船只难以离开威德尔这个"魔海"，它们将永远"长眠"在南极的冰海之中。所以，在威德尔及南极其他海域，一直流传着"南风行船乐悠悠，一变北风逃外洋"的说法。直到今天，各国探险家们还谨遵着这一信条，足见威德尔海的魔力。

看了以上这些情节，这下你应该可以想到，"鹦鹉螺"号能从一条流冰隧道中脱险是一件多么幸运的事情！

圣劳伦斯湾险区

圣劳伦斯湾也是一处海难多发海域。圣劳伦斯湾位于加拿大东南部的大西洋海湾，是加拿大腹地通往大西洋的一条重要水道。面积23.8万平方千米，平均水深127米，最大水深572米。在圣劳伦斯河口东南，是一个宽广而几乎被陆地包围的水域，仅东圣劳伦斯湾端的贝尔岛海峡和卡伯特海峡与大西洋相通。

海湾是在地质构造运动中发生沉降作用后形成，因而湾岸曲折，多暗礁、浅滩，不利于航行。而且圣劳伦斯湾位于高纬度，气温有明显的季节变化，冬季时，气温降至-20℃以下，加之受到拉布拉多寒流的影响，海湾水温大约在-1.6℃左右，完全冰封；夏季时（5月底），海湾水温升至11℃，湾冰才开始解冻，这时，北大西洋和北冰洋的海水和流冰也

从图中可以看到，圣劳伦斯湾是进入整个北美大陆腹地的一个门户，然而这里独特的地理位置，使之成为易出沉船事故的危险海域。

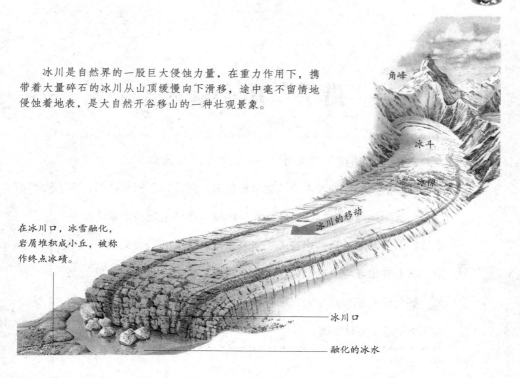

冰川是自然界的一股巨大侵蚀力量，在重力作用下，携带着大量碎石的冰川从山顶缓慢向下滑移，途中毫不留情地侵蚀着地表，是大自然开谷移山的一种壮观景象。

角峰

冰斗

冰瀑

冰川的移动

在冰川口，冰雪融化，岩屑堆积成小丘，被称作终点冰碛。

冰川口

融化的冰水

开始涌入海湾。我们前面提到，圣劳伦斯海湾仅有两个海峡与大西洋相通，浮冰不易流出，因而，海湾中一时间充满了浮冰。

随着天气变暖，冰雪融化导致海湾内空气湿度增高，因而海湾内时常是一派浓雾浮冰的景象。可以这么说，海上航行最害怕的"险境"，这里几乎占了大半（浮冰、暗礁、险滩和浓雾），那么，这里成了海难事故多发区也就很容易解释了。

海洋"猎手"用心险恶

鹦鹉螺号通过了"魔海"——威德尔海是异常幸运的，因为它不单单逃过了能令人丧命的流冰和狂风，还甩掉了时常伴随船只而行的另一大威胁——成群结队在流冰缝隙中喷水嬉戏的鲸，特别是号称海上"屠夫"的虎鲸——当它发现冰面上有人或海豹等动物时，会贪婪地吞噬海豹或人，其凶猛程度，令人毛骨悚然。除此之外，鹦鹉螺号在海洋中遇到的章鱼、石头鱼、贻贝和海笋等动物也给人类带来了各种危害。

海上"屠夫"——虎鲸

在5500万年前，用四肢行走的小型食肉动物开始从陆地返回到海洋。鲸的腿变成了鳍和尾巴，身体变得更长、更具流线型，鼻孔移动至后上方。即便这种进化似乎是一种倒退，但是这样的体型使它们变成了地球上最大、最优美的动物。一只雄性虎鲸可以长到9米，重达10吨。

虎鲸分布在世界各大海洋中，以南北两极附近水域最多，在我国见于渤海、黄海、东海、南海和台湾海域。虎鲸喜欢栖息在从0℃到12℃～13℃的较冷水域，温暖的海洋中数量较少，即使有也常常潜到水温较低的深水地带。它行动的流动性很大，一天就能游出100多公里，但较常出现在离海岸30公里以内的水域中。游泳前进的速度也很快，时速可达54公里。潜水的时间也很长，最多能达到30分钟以上。因而，时常能够看见他们随船而行。

虎鲸有着独特的花纹色彩，这便于它在海洋中获取食物，虎鲸背部和尾部是有光泽的黑色，而腹部是鲜亮的白色，当你俯视虎鲸的时候，你会发现它黑色的背部总是埋于深色的水中，与海水融为一体；当你从水底下仰视它的时候，其白色的腹部在蓝色的天空下几乎是看不清的；从侧面看，其黑白相间的身子就像是阳光照进水中。正因为虎鲸这"无懈可击"的伪装色使它们成了非常狡猾的猎手。

可它们不满足于此，虎鲸在捕食的时候还会使用诡计，先将腹部朝上，一动不动地漂浮在海面上，很像一具死尸，而当乌贼、海鸟、海兽等接近它的时候，就突然翻过身来，张开大嘴把它们吃掉。

虎鲸是相当凶猛的，即便是海洋中的露脊鲸、长须鲸、座头鲸、灰鲸、蓝鲸等大型鲸类也都畏之如虎，一旦遇见都慌忙避开，更不用说小型海洋动物了。因而，虎鲸享有"海上屠夫"之称。虎鲸的嘴巴很大，上下颚共有四五十枚圆锥形的大牙齿（每颗牙大概有8厘米），可以把一只海狮整个吞下。不过，它们的牙齿虽然坚硬，却并不锋利，因而，它们牙齿的功能主要在于捕捉而不在于咀嚼，一旦落入一只饥饿的虎鲸口中，想要跑掉几乎是不可能的。

蓝环章鱼"毒"心术

蓝环章鱼外表艳丽无比，它们的体型不超过高尔夫球大小，身上和腕足上有美丽的蓝色环节，而且能够发出耀眼的蓝光。

但你千万不要被美丽的表象所迷惑，其实，这种蓝光是蓝环章鱼对其他生物发出的警告。平常蓝环章鱼皮肤呈土黄或金黄色，一旦它受到威胁，比如被从水中提起来或被踩到的时候，身上的蓝色环就会闪烁，发出灿烂耀眼的光芒，这预示着蓝环章鱼准备释放剧毒。

蓝环章鱼的唾腺和卵巢具有河豚毒素的神经毒，神经毒对中枢神经和神经末梢有麻痹作用，其毒性巨大，0.5毫克即可致人中毒死亡。也就是说，一只蓝环章鱼的毒液，足以使10个人丧生。最可怕的是蓝环章鱼的毒液能阻止血凝

（伤口处无法愈合），若不慎被咬伤，被袭击者先出现麻痹感，随后引起痉挛，呼吸困难、血压下降，最终心脏停止跳动，目前还无有效的药物来预防它。

值得庆幸的是，虽然蓝环章鱼杀人快、狠、准，但是其实它们胆子很小，并不好勇斗狠，遇到环境变化时，不会首先选择发动攻击，而是先选择躲避或隐藏。蓝环章鱼的皮肤含有颜色细胞，可以随意改变颜色，通过收缩或伸展，改变不同颜色细胞的大小，整个模样就会改变。因此当蓝环章鱼在不同的环境中移动时，它可以使用与环境色相同的保护色，绝对是"伪装"高手。

蓝环章鱼

贻贝给人添"堵"

贻贝的种类很多，我们这里以一种斑马贻贝为例。斑马贻贝是原产于欧洲的一种淡水品种，已经成为北美洲五大湖与密西西比河流域的"头号公敌"。在近几十年里，斑马贻贝随着船舶排放的压舱水向世界各地进发，在新环境里"开枝散叶"。由于缺乏天敌且繁殖力强，斑马贻贝很快可以影响整个水体的生态平衡，引发严重的生态灾难，并在河川、湖泊及水库造成淤积及堵塞的问题。目前许多国家已将其列为高危入侵物种。

斑马贻贝通常只有指甲盖大小，最大的可以长到5厘米，成体附着在任何硬质的物体上，比如管道中、船舶的船身和引擎上，甚至其他贝类的壳上。斑马贻贝的寿命是四到五年，它们具有强大的繁殖能力，一个雌贝每年可以排出100万个卵，这些卵遇到适当的硬质或基底时，它们就会射出足丝进行附着。

斑马贻贝能吞食大量浮游植物，消耗水中氧气，令其他同样以浮游植物为生的贝类和小鱼生长困难。它们又喜欢在别的贝类身上聚居，有时在一只土生贝类的壳上竟可找到数千只斑马贻贝，致使土生贝壳无法张开，窒息而死。有研究表明，美洲湖泊和河流原本拥有近300种土生贝类，但今天70%已经绝种、濒危或数量下降，斑马贻贝的入侵是主因之一。

在沿海各地的工厂里，常常引海水作为冷却用水，在引海水的同时，常常也把海水中所含的贻贝幼虫引了进来。这些幼虫进到海水管道里以后，可以很快地固着在水管壁上生长起来。由于工厂每天都在大量用水，引水管里的水流保持很快的更新速度，所以就给这些小贻贝带来了大量的食料和氧气，使它能在管道里很好的生长。这样贻贝便很快一个粘一个地聚集在管道的内壁上，无形中就等于加厚了管壁，缩小了水管的直径，这样就会大大地减少引进海水的数量，那里堆积了大量贝壳阻塞了许多工厂和水处理工厂的进水口。有时甚至于把管道完全堵塞，以至不得不暂时停工检修。

经过多年与斑马贻贝的斗争，人们已经掌握了较为有效的处理贻贝的方式。对于管道中的斑马贻贝，可以用脱水法使其干涸死亡，但这种治理方法需要花太多时间，而且如果没有一个备用管道可以使用的话也不可行。而在开放的湖泊和河流中，目前尚没有一个补救措施可以用来消除斑马贻贝的影响。一个不得不承认的事实是，将斑马贻贝完全从江河湖泊中消除是不可能的，人们唯一能做的就是阻止它们从一个水体扩散到另一个水体。

毒鲉"亲吻"疼痛难忍

在浩瀚的海洋里，有一些专门在海底或岩礁下活动的底栖鱼类。在众多的底栖鱼中，有一种很恐怖的鱼——毒鲉。说它们恐怖，是因为毒鲉貌不惊人，身长只有30厘米左右，可是它能分泌出一种毒液，对人或其他鱼类产生伤害的作用。

它们平时喜欢栖息于浅水的礁石间，同时还将身体的一半埋在泥沙中，只

毒鲉

露出两只小小的眼睛，一动不动，极像一块石头，人们即使站在它身旁，也很难发现。所以人们又叫它"石鱼"。然而，要是人们不小心踩着了它，那么这条貌似老实的毒鲉会迅速竖起背鳍上的13根毒棘。平时，这些毒棘被它的疣状皮肤所掩蔽，当受到威胁时，毒鲉就把毒棘竖起，一边发射毒液，一边刺向敌人。

这种毒液一旦从被刺破的伤口进入人体，很快就会使人处于难以忍受的疼痛之中，甚至导致死亡。一位受害者曾这样描述自己的经历："在澳大利亚，我的手指被一条石鱼刺中，当时就像每个指关节、然后是腕关节、肘部和肩膀都依次被大锤敲打了一遍，这种感觉持续了一个小时，随后双肾部位又有约45分钟被踢中的感觉，你根本无法起立或站直。当时我还不到30岁，身体非常棒，被毒鲉刺中的伤口也很小，但直至几天之后手指才开始恢复知觉。"

海笋掘洞而居

海笋，俗称"凿石贝""穿石贝"，体长不过几厘米，体形像鸡蛋，只是前端稍微扁些，两个贝壳，看上去像一个冬笋，海笋名称由此而来。海笋身体末端有两个水管，不过它的这两个水管（入水管和排水管），除了末端很小的部分分开以外，其余的部分都是合在一起的，所以从外表看好像只有一个水管。它的水管很长，在伸展的时候大约与贝壳的长度相仿。在平时，海笋把水管伸到岩石洞口，从入水管吸收新鲜海水和食料，从排水管排出排泄物或生殖细胞。它的水管末端生有恰好与岩石颜色相同的色素斑点，所以别的动物不容易发现它。这为它捕食猎物提供了隐蔽条件。

海笋通常住在自己凿的岩石洞穴里，坚硬的岩石经它凿成洞后，表面看上去不过是些小孔穴，可在石头里面却成了蜂窝状的窟窿。如果这种情况发生在千里海堤的岩石上，那就会带来不堪设想的后果。在我国天津新港的外围，有两道用石头筑成的长长大堤，没隔多少年就发现小孔穴里面变成了一个个椭圆形的洞

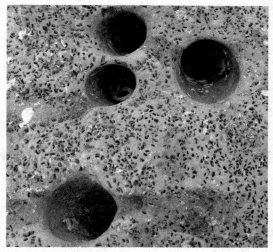

海笋挖掘形成的洞

穴，装满了活的海笋，幸亏及时采取措施，才保住了大堤。类似的事例在国外也有发生，由于人们当初对它并不了解，以致造成长堤崩溃的悲剧发生。

如此坚硬的岩石，海笋是怎样将它凿开的呢？人们初步认为，海笋用机械的方法挖凿岩石，这可以从它的生长过程得到证明。由于幼年的海笋贝壳前端腹面不封闭，有锋利的小齿，足露在外面，海笋是用足吸附在岩石表面，旋转贝壳，利用贝壳前端的锋利小齿把岩石逐渐锉掉的。而成年的个体则是足部萎缩，并且为石灰质的壳片所包盖，贝壳前端锋利的小齿也完全与新生的石灰质薄片相愈合。幼年个体与成年个体形态的不同，正好说明海笋幼年时一边生长，一边用齿和足配合着凿石，而成年以后不再凿石了，齿不锋利了，足也被包裹起来了。

小船蛆毁船不倦

古希腊哲学家称船蛆是可恨的动物，是不好对付的麻烦。这是船蛆第一次载入人类历史，从此以后，它们便和人类历史相生相伴，从来没有让人们消停过。1502年，哥伦布开始了第四次航海，在那次航海的途中，由于船蛆的破

坏，他的船队受到严重损坏，哥伦布不得不下令将船队停在了加勒比海。它们是如何阻止浩荡船队前进的呢？

2000年夏天，美国缅因州的几个码头出现莫名其妙的坍塌。那些支撑码头的橡木桩有9米高、25厘米粗，可它们中的一些却断裂了。为了弄清坍塌的原因，生物学家来到码头进行调查，结果表明，坍塌是由于那些木桩中间被一种原产自新英格兰的船蛆吃空了，船蛆在拉丁语中的意思是"凿船者"。

船蛆青睐木材，专门以蚕食木材为生。遇难的木船、码头上的木桩、漂浮的木材是它们理想的居所。由于木材的种类不同，船蛆的个头差异很大，个头小的只有2～3厘米长，而大的则可以长到1米。船蛆的繁殖力超强，一次产卵几百万颗，多的有1亿多颗。卵变成幼虫后，就随着海水到处游荡，一遇到木船和用木头做的东西，就尾随其后，伺机钻进木头中。它们把身体全都藏起来，只把身体末端两根很小的水管露出洞口，以便吸取食物，极为隐秘。一旦整条船或整根木桩被它们占领，便成了它们舒适的家和甜美的蛋糕，它们就在里边挖"通道"，造"居室"，生儿育女，直到木头被它们掏空为止。

船蛆是一种软体动物，它虽然叫蛆，但并不是由蝇产下的专门在腐败的物体上活动的蛆。船蛆和蛏子、蛤蜊这些披着硬壳的贝类是近亲，能在除两极地区以外的温暖海洋中存活。船蛆长着细长富有弹性的身体，两个小壳附着在身体的后前方。相对壳来说，它们的身体非常长。例如，一种常见于北美水域的船蛆能长到60厘米，而它的壳只有13毫米。

别看船蛆的壳在身体上的尺寸微不足道，但千万不要小瞧它，它可是威力无穷的工具。船蛆能够用它来探查水中的木头，它们在船底板中不停地伸伸缩缩，那两片小贝壳也不停地转动，壳上面的小细齿更是像锉刀一样，把木头慢慢磨掉，这样就可以钻很深的洞，就像是电钻的"钻头"一样。

第六章
看"尼摩艇长"如何利用
海洋资源

向海水要生存

阿龙纳斯教授一行三人刚到艇上不久，尼摩艇长就带领他们参观了潜水艇，善于探索的教授对长时间在水下行进的鹦鹉螺号是如何供给淡水产生了极大的兴趣。于是，尼摩艇长对于淡水供给给出了解释"通过电能对蒸馏器进行加热，经过蒸发汽化，生产出优质饮用水"，这不仅能满足潜艇的日常生活所需，而且"厨房旁边还有一间浴室，有冷热水可供随意使用"。

海水淡化

在之前的内容中我们讲到海水不能直接饮用，那么，没有淡水，长期海上航行，找不到淡水供给的船员们要如何生存呢？在大航海时代，几乎所有远洋商船和作战舰艇上都安装了应急的海水淡化设备，但几乎从来没有投入使用过。因而，海水淡化是人类追求了几百年的梦想。

小说中的鹦鹉螺号采用蒸馏法实现了海水淡化的梦想，这在当时可谓是奢侈品。那么，蒸馏法的过程究竟是怎样的呢？蒸馏法其实很简单，与我们在实验室里制备蒸馏水的原理是相同的：把海水烧到沸腾，淡水蒸发为蒸汽，盐留在锅底，蒸汽冷凝为蒸馏水，即是淡水。

今天，这种古老的海水淡化方法已不再受欢迎，因为它不但消耗大量能源，产生大量锅垢，而且很难大量生产淡水。

人们开始思考，是否能够采取现代化措施使古老的蒸馏法焕发青春，于是，出现了新的蒸馏法——现代多级闪急蒸馏淡化。

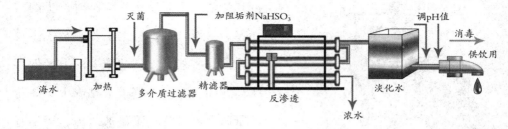

反渗透法海水淡化法示意图

　　除了多级闪急蒸馏法外，海水淡化的方法还有海水冻结法、电渗析法、反渗透法。其中多级闪急蒸馏法和反渗透法是目前常用的两种淡化方法。

　　水在常规气压下，加热到100℃才沸腾成为蒸汽。如果让适当加温的海水，进入真空或接近真空的蒸馏室，便会在瞬间急速蒸发为蒸汽。利用这一原理，做成多级闪急蒸馏海水淡化装置。这种淡化装置可以造得比较大，真空蒸发室可以造得比较多，连接起来，就成了大型海水淡化工厂。这种淡化工厂，可以与热电厂建在一起，利用热电厂的余热加热海水。水电联产，可以大大降低生产成本。现行大型海水淡化厂，大多采用此法。如果太阳能蒸发淡化法能够投入使用，古老的蒸馏淡化技术将会再上一个节能的新台阶。

　　自从20世纪50年代以后，海水淡化作为一门现实的应用技术，发展很快。这当然也和我们的生存环境息息相关。现代城市居民，一天每人没有300升水，就不能保持生活的舒适程度，更不用说现代农业、工业都消耗大量淡水。淡水危机如此急迫，向海洋索取淡水成为人类刻不容缓的任务。目前，已经开发利用的海水淡化技术多达20几种，新型蒸馏法已达到了工业规模的生产应用。

　　不过，除了现代化的工业方法，在一些条件不具备的情况下，还有一种海水淡化的土办法——冷冻法，这种方法的灵感来自海冰。航海者都知道海冰有一种有益的特性，就是海冰所含的盐度比海水要低得多。海冰年代越老，冰中的盐分就越少。年代久远的海冰顶部几乎是淡水冰，能够融化饮用。为什么海冰会淡化呢？

　　冰是单矿岩，不能和它物共处。水在结晶过程中，会自动排除杂质，以

蒸馏法是海水淡化最古老的方法，图为蒸馏法的简易实验装置。

保持其纯洁。因此，海水冻结时产生的冰晶，是淡水冰。但是，结冰过程往往较快，会使一些盐分以"盐泡"的方式保存在冰晶之间，冰晶外壁也会粘附上一些盐分，所以海冰实际上不是淡水冰，还是有咸味的。不过，海冰比海水的盐度显然小得多。此外，冰晶间的盐泡不是静止不动的，它的浓度高而比重大，因重力而沿冰晶间隙下坠。因此海冰顶部要比底部淡。而留在冰块里的盐泡，在气温升高到融点时，往往互相沟通，使盐汁漏出于冰块之外，这时海冰表面千疮百孔。不过，隔年海冰在夏天也因这个缘故排出盐水，经过若干年后，多年海冰终于变成了淡水。

在我国西北地区，有一些地方水质苦咸，在这里人们用这种土办法找到了一条苦水淡化之路，人们不是喝天然的水，而是在冬天将冰放在水窖里，春暖花开后，冰就会化成淡水，经这种方法淡化的水，盐度比平常的水低了60%~80%。

海水提盐

人类生存营养中不可缺少盐，而海水所溶解的各种盐类物质中，以食盐（氯化钠，符号为NaCl）含量最高，占70%。人类以盐作调料的历史不可考，不过，中国人"煮海为盐"的历史则可以追溯到4000余年前的夏代。

早期海盐，是支起大锅用柴火煮熬出来的。而后开辟盐田，利用太阳和风力的蒸发作用，晒海水制盐，这比起煮海为盐，是很大的进步。

中国是海水晒盐产量最多的国家，也是盐田面积最大的国家。中国有盐田37.6万公顷，年产海盐1500万吨左右，约占全国原盐产量的70％。每年生产的海盐，供应全国一半人口的食用盐和80％的工业用盐。还有100万吨原盐出口。我国海盐业对国家的贡献是很大的。

但是，海水制盐并不是原盐生产的唯一来源。有的沿海国家因地理、气候等条件不适于盐田法制盐，只好另寻他法，研究发展了蒸馏法等制盐工艺。

这里的蒸馏法，就是我们前面提到的进行海水淡化时使用的蒸馏法，因为人类发现这种方法不止能制造淡水，而且还能提盐（因为盐留在了锅底），可谓是一举两得。此后，蒸馏法成了最广泛可行的海水提盐方法。此外，还有电渗析法和反渗透方法提盐。

电渗析法是使用一种特别制造的薄膜实现的。在电力作用下，海水中盐类的正离子穿过阳膜跑向阴极方向，因不能穿过阴膜而留下；负离子穿过阴膜跑向阳极方向，则因不能穿过阳膜而留下。这样，盐类离子留下来的管道里的海水就成了被浓缩了的卤水，经加热水分蒸发后，就得到盐。

反渗透淡化法更加绝妙。它使用的薄膜叫"半透膜"，半透膜的性能是只

海水盐度较高，人们常蒸发海水制盐。

让淡水通过，不让盐分通过。如果不施加压力，用这种膜隔开咸水和淡水，淡水就自动地往咸水那边渗透。我们通过高压泵，对海水施加压力，海水中的淡水就透过膜到淡水那边去了，从而将咸水留下，因此叫作反渗透，或逆渗透。

海水灌溉

当我们面临淡水危机时，为了解决农业需要大量淡水灌溉的问题，有人提出海水是否可以直接利用呢？这个想法很有道理。尤其是在一些农业大国，如果能尽可能地直接利用海水灌溉作物，的确是缓解淡水不足的一个重要途径。

海水灌溉，世界上许多国家都在试验。苏联利用波罗的海芬兰湾低盐度海水，浇灌爱沙尼亚沙质土地上的大麦、小麦、甜菜、西红柿、圆白菜、西瓜，都取得了成功。事实证明，具备排水良好的沙质土地、适应的作物、低盐度的海水，海水灌溉是可行的。目前，我国海水灌溉的试验也取得初步成效。

同时，人们也在想办法培育可以用普通海水灌溉的农作物。据报道，沙特阿拉伯咸水技术公司在美国农业科学家的帮助下，已经培育成功了可以用海水浇灌的油料作物，东南亚国家也不断传出有关耐盐粮食作物培育成功的消息。如果可以用海水灌溉的各种农作物培育成功并推广种植，将为那些海滨的沙漠不毛之地发展农业创造机会。这种农业虽然尚未形成，但已经成为人们理想目标，更有人为它起了一个非常动听的名称——海水农业。

海洋"供电站"

潜艇长期远离陆地,而尼摩艇长说自己根本不需要依靠陆地来补给电能,这让阿龙纳斯教授对于潜艇电能的来源非常好奇。真相是他只向大海索取发电的原料,如在不同的水层铺设金属线连成电路,通过金属线感受到的温差就能产生电能;或者利用汞和从海水中提取的源源不断的钠混合,生成一种替代本生电池中锌元素的汞合金,其电动力是锌电池的两倍。

电从钠中来

法国发明家乔治·勒克朗夏发明了干电池,干电池的负极是锌,它常用钢或纸板外套包围,防止与大气作用。正极是一支碳棒(在电池中心)。两电极之间填满了氯化铵饱和溶液(充当电解质,使电池能够放电),当电极被连接时,负极的锌即被氧化失去电子,电子从锌流向碳棒,形成电流。这就是我们今天常用的电池。

而文中所讲的则是尼摩艇长的新创意——利用钠汞齐代替锌制造电池(因为海水中最多的就是氯化钠,因而可方便提取钠元素)。汞有一种独特的性质,它可以溶解多种金属(如钠、金、银、锌等),溶解以后便组成了汞和这些金属的合金。含汞少时是固体,含汞多时是液体。尼摩艇长利用汞溶解钠制备了汞合金——钠汞齐,钠汞齐在制备电池时代替锌发生氧化反应(作还原剂),接着进行上述干电池的化学反应。

不过,这只是小说中神秘的情节,其实生活中,人们一般不会使用汞,因为汞是一种危险的化学药剂，具有易挥发，有毒，强腐蚀性等特点，而且价格较贵。

温差供电

文中尼摩艇长还介绍了温差发电的方法，那么，温差是如何用来发电的呢？

海洋是世界上最大的太阳能接收器，6000万平方千米的热带海洋平均每天吸收的太阳能，相当于2500亿桶石油所含的热量。吸收太阳热能的海洋表面温度较高，而一定深度海水温度较低。

比如，我国北方海域，夏季表层海水温度可达30℃，40～50米深处，水温便降到10℃以下，温差达20℃。东海黑潮流经的海面，表层水温常年保持在25℃左右，而800米深处，水温则常年低于5℃，温差也有20℃。于是，人们提出利用海洋表层水温与稍深处水温的明显差别蕴含着巨大的热力位能，转换成电力供人利用的设想。

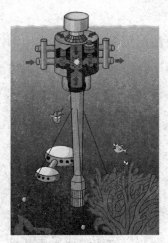

海水温差发电示意图

海水温差发电技术，是以海洋受太阳能加热的表层海水(25～28℃)作高温热源，而以500～1000米深处的海水(4～7℃)作低温热源，用热机组成的热力循环系统进行发电的技术。

这个设想早在1881年就已提出，但直到1979年美国夏威夷建设成功世界上第一座海洋温差发电装置后，各国才开始重视这一新方法。目前，海洋温差发电被认为是最具潜力的能源利用方式之一。日本、法国、比利时等国已经建成了一些海洋温差能电站，功率从100千瓦至5000千瓦不等。

温差发电的基本原理就是借助一种工作介质（如低沸点的二氧化硫、氨或氟利昂），在表层温水热力作用下气化、沸腾，吹动发电机发电，之后再利用冷水泵从深层海水中抽上来的冷海水把用过的废蒸汽冷却，重新凝结，再进行循环，如此保持发电机的运行。

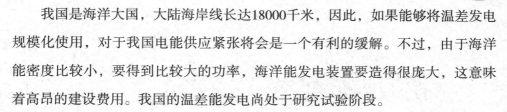

我国是海洋大国，大陆海岸线长达18000千米，因此，如果能够将温差发电规模化使用，对于我国电能供应紧张将会是一个有利的缓解。不过，由于海洋能密度比较小，要得到比较大的功率，海洋能发电装置要造得很庞大，这意味着高昂的建设费用。我国的温差能发电尚处于研究试验阶段。

当然，今天的温差发电还没有达到"通过金属线感受到的温差就能产生电能"的阶段，不过，人类已经将温差发电列为发展目标，相信尼摩艇长的发电方式在不久的将来会实现。

波浪运动发电

除了利用海洋的温度差之外，波浪产生的巨大运动能也是人们不断探索的一种珍贵的发电资源。波浪虽然只是海水质点在原地的圆周运动，不过，你可知道，它那一起一伏的运动能量十分惊人。有人计算，1平方千米海面上的波浪能可以达到25万千瓦的功率，其发电量可满足120000户使用。波浪能量如此巨大，存在如此广泛，吸引着人们想尽各种办法，试图驾驭海浪为人供电。

1910年，法国人布索·白拉塞克在其海滨住宅附近建了一座气动式波浪发电站，供应其住宅1000瓦的电力，首先将海洋波浪能发电付诸实用。这个电站装置的原理是：与海水相通的密闭竖井中的空气因波浪起伏而被压缩或抽空稀薄，驱动活塞做往复运动，再转换成发电机的旋转运动而发出电力。

这种波能发电的方式引起了各国的广泛关注，尤其是一些海岛国家，为其孤岛供电提供了可能性。60年代，日本研制成功用于航标灯浮体上的气动式波力发电装置。该产品发电的原理与法国人建造的波浪式发电站类似，即利用一个像倒置的打气筒的装置，靠波浪上下往复运动的力量吸、压空气，推动涡轮机发电。

不过，要想利用波能大规模供电，与温差供电设备存在同样的问题，即装置结构过于庞大复杂，成本过高等。

挖掘海底矿藏

> 在讲到鹦鹉螺号的动力来自电时，教授问尼摩艇长将氯化钠中的钠提炼出来的煤炭来自哪里呢？尼摩艇长告诉教授，它来自海底。在海底，海水曾经淹没了一整片在地质时期就埋入泥沙中的森林，现在这片森林已经矿化，变成了煤矿。所以，对于尼摩艇长来说，海底煤炭取之不竭，需要时让船员去装运就可以了。海洋是个大宝藏，这里除了煤炭，还有许多宝贝，下面我们会详细介绍。

"参天古木"变煤炭

其实，煤炭是我们所熟知的天然资源。但是，煤矿不是大都在陆地上吗？为什么会出现在海底呢？是小说中描绘的，还是海底真的有煤矿呢？

正如小说中描绘的，海底确实有煤矿。而且海底煤矿是一种很重要的矿产，它的开采量目前在已开采的海洋矿产中占第二位，仅次于石油。现在世界上有一些发达国家已在常年开采海底煤矿（褐煤、烟煤和无烟煤）。英国是世界上最早在海底开采煤矿的国家，从1620年至今已有300多年的历史，仅海底采出的煤，就占英国采煤总量的10%。日本也是海底采煤量较多的国家，占全国采煤总量的30%。目前，世界上已探查出的海底最大煤田是英国诺森伯兰海底煤田。另外，中国渤海湾和台湾地区沿岸也发现了规模较大的海底煤田。

我们发现，在大堆的煤中常可以找到一些植物的树干、茎、叶等，只不过它们早已被碳化或石化了。因此，我们很容易联想到，煤是由古代植物残骸堆积转化来的。事实也确实是这样，煤是由原始物质形成的，有低等植物——

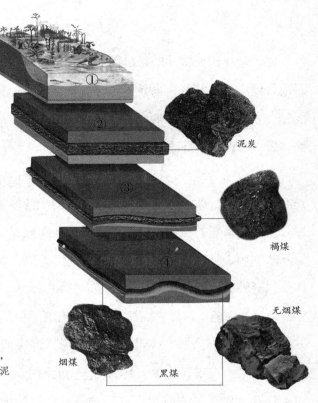

①史前沼泽
煤形成于3亿年前的沼泽地。枯死的树和其他植物倒在水里，被泥覆盖。

②泥炭
植物残骸埋于地下，长年累月慢慢变干，形成泥炭层。这是一种能从地下挖到的燃料。

③褐煤
泥炭层被盖住后被热量和压力变成了褐煤。这是一种能在露天煤矿开采到的燃料。

④黑煤
黑煤包括烟煤和无烟煤两种。地表下的高热和巨大的压力使埋藏于较深层的泥炭变成了较软的黑煤。

煤的形成及种类

煤主要是亿万年前植物的残骸，由于埋于地下深浅的不同，形成了泥炭、褐煤、烟煤及无烟煤等多种。

藻类，但主要的来源还是古代的高等植物。简单地说，海底煤层像陆上煤层一样，是"参天古木"等植物遗体埋在地下后，经碳化变成的。也许有人会问：海里也能生长树木吗？

虽然陆地上生物的大部分门类都在海洋中找到了，但还未在海洋中发现有过树木。目前的答案是，形成煤的植物必须能在浅水沼泽的环境中繁盛生长。因此，哪里的海底有煤层，就说明那里曾经是"桑田"。只是曾一度上升为浅的沼泽，在含煤沉积层堆积后，经地壳运动而下沉，又沦为海水淹没的"沧海"，于是煤田就进入了海底。海底有煤田正好反映了"桑田"经地震而变为"沧海"的过程。而且海底煤矿形成需要极长的时间，特别是太平洋西部边缘的煤矿多是在7000万年以来的新生代形成的。

海底"黑金"

接下来我们要讲到的是目前在已开采的海洋矿产中排名榜首的石油。随着石油资源的日趋紧张，世界各国纷纷将开采目标从陆地转向海洋。而素有"藏宝库"之称的海洋，向来都不会让人失望。在短短数十年间，海洋已探明的石油储量，已占世界石油总储量30%，有专家估计可达45%。

关于石油的成因，科学界曾有过激烈的争论，现在被大多数人普遍认可的是有机生油说，即入海的江河携带大量的泥沙不断沉淀到海底，形成一层沉积层。一些动植物的遗体也随之一起被埋葬在底层，与泥沙混为一体。由于沉积层不断加厚，导致底层的温度和压力随之升高，加上细菌的分解，动植物的遗体便逐渐转变成各种碳氢化合物的混合物，即形成石油。不过，这时候的石油零散地分布在各个区域，还没有形成具有开采价值的油田。

随着重力、高压、高温的同时作用，海底的沉积层开始下沉，逐渐被压实，最后形成沉积岩。由于沉积层体积的缩小，密度比岩石小的石油，便不断向上渗透到附近的岩层中，直到渗透到空间较大（孔隙和裂缝多），但"岩盖"紧密无缝隙的岩层中，才算"安顿"下来。而这样聚集有大量石油的岩层，就成了可供人类开采的油田。

同时，与石油相伴而生的还有天然气，如果在石油的形成过程中温度过高，有一部分液体碳氢化合物就会以气体的形成存在，就成了天然气。通常，大多数的油田都含有一定比例的气藏。而这样的油田，则被称作

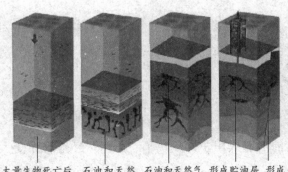

大量生物死亡后沉积到海底。　石油和天然气形成。　石油和天然气向上移动。　形成贮油层和瓦斯层。　形成断层。

石油形成示意图

"油气田"。

看完石油的形成过程后，很多人都会有这样的疑问：海洋生物遍布世界海域的每一个角落，那么，为什么有的海域石油储量丰富，而有的海域却从未见过石油的踪迹呢？

从表面上看，石油的形成似乎非常简单，但其实，它的生成过程不仅漫长，而且对环境的要求也极高。据科学家们研究发现，石油的生成至少需要200万年的时间，在现今已发现的油藏中，年龄最老的可达5亿岁。在这过程中的任何时刻，海底板块结构一旦发生变化，如海底地震、火山爆发等，就有可能使沉积岩断裂或出现缝隙，安顿好的石油就会再次"骚动"，沿着缝隙或裂缝向上移动。当它们上升到地表时，便会随波逐流，消失得无影无踪，保留不到人类出现的时候。因此，一些地壳运动比较活跃的海域，如菲律宾海、日本海等，石油资源就会较为匮乏。而一些火山、地震等地壳活动较少的海域，就成了石油盛产区，如北海、墨西哥湾、委内瑞拉湾等。

宝贝疙瘩——锰结核

海底还有什么宝贝呢？1873年，英国海洋学家在北大西洋采集洋底沉积物时发现了一种矿石团块，颜色为黑色和褐黑色，形状有球状、椭圆状和扁平状等；大小尺寸变化也比较悬殊，从几微米到几十厘米的都有，重量最大的有几十千克。经过化验，他们发现这种矿石团块几乎全部是由纯净的氧化锰和氧化铁组成的，这就是锰结核。

一开始，人们对锰结核没有多大兴趣。二战之后，科学家们发现用金属锰制造出的锰钢极为坚硬，抗冲击、耐磨损，被大量用于制造坦克、钢轨、粉碎机等。直到这时，人们才想起了海底的这些宝贝。经过研究，人们发现有些锰结核中锰的含量高达50%，而且还含有铜、钴、镍等金属元素。其所含的金属铜可以制造电线，金属镍可以制造不锈钢，金属钛则被广泛应用于航空航天工业，有"太空金属"的美称。一时间，锰结核变成了"宝贝疙瘩"。

而且这些"宝贝疙瘩"并不难找到，它们广泛地分布于世界海洋2000～6000米水深海底的表层，而以生成于4000～6000米水深海底的品质最佳。锰结核总储量估计在30000亿吨以上，其中以北太平洋分布面积最广，储量约为17000亿吨，占总储量一半以上。这里的海底锰结核密集的地方，每平方米面积多达100多千克，简直是一个挨一个铺满海底。

更加令人们欣喜的是，锰结核不仅储量巨大，而且还会不断地生长。生长速度因时因地而异，平均每千年长1毫米。以此计算，全球锰结核每年增长1000万吨。锰结核堪称"取之不尽，用之不竭"的可再生多金属矿物资源。

那么，这"宝贝疙瘩"是如何形成的呢？科学家解释说，海水中锰和铁本来是处于饱和状态的，但由于河流的冲蚀夹带作用，使得海水中这两种元素的含量不断增加，发生了过饱和沉淀。在沉淀过程中，又随之吸附了铜、钴等元素，并以岩石碎屑、海洋生物遗骨等为核心，像滚雪球一样越滚越大，越滚越多，最终形成了密布海底、大小不等的锰结核。

神奇可燃冰

19世纪70年代，美国地质工作者在海洋中钻探时，又意外地发现了一样宝贝——貌似普通干冰（固体二氧化碳）的东西，它形似冰雪，被捞上海面后很快就化成了一摊冒着气泡的泥水，更为神奇的是，那些气泡竟然自己燃烧起来了。

据研究测试，这种物质是由天然气（主要成分为甲烷）与水构成的一种固态混合物。它的形成大致需要三个条件：第一，温度不能太高，超过20℃便会"烟消云散"；第二，压力要足够大，能使天然气分子被"包裹"进水分子中；第三，有充足的天然气源。而这三个条件在海洋中很容易达到。我们知道，海底的温度一般保持在2℃～4℃左右，越往深处，水压越大，并且海底有

海底可燃冰分布的范围约有4000万平方千米，占海洋总面积的10%，被誉为"未来能源""21世纪能源"。

着众多的古生物尸体沉积，经过细菌分解后会产生大量的甲烷。

由于这种物质能够像固体酒精一样直接点燃，人们便给它起了个形象的名字，叫作"可燃冰"。专家指出，可燃冰具有极强的燃烧力，同等条件下，它所产生的能量比煤、石油等要多出数十倍，而且燃烧后不产生任何残渣和废气，避免了最让人头疼的废气排放带来的空气污染问题。迄今为止，在世界各地的海洋中，已探明的可燃冰储量相当于全球传统化石能源储量的两倍以上，足够人类使用1000年。

蓝色"大农场"

当鹦鹉螺号驶在印度南面的锡兰岛（即斯里兰卡）时，尼摩艇长带领我们去参观了一个巨大的珠贝——砗磲，教授发现尼摩艇长对这只砗磲特别关心。原来，尼摩艇长在砗磲里养了一颗大如椰子核的珍珠，教授估计，尼摩艇长是用按照中国人和印度人培植珍珠的方法养殖的：把一块玻璃或金属放在这只软体动物的皱褶里，让其逐渐地裹上珍珠质。教授估计这一颗珍珠至少价值1000万法郎（1法郎≈1.26人民币）。

珍珠大丰收

"养殖珍珠"并不是指把珍珠投进海底的淤泥里，然后指望它结出一串珍珠来，而是要依靠育珠蚌。其实，育珠蚌与我们平时所说的蚌壳没什么两样，只不过经过了人工筛选（比如贝壳完整、闭壳迅速、喷水有力、体质健壮等等），产珠能力更强一些而已。

我们知道，蚌壳内都有两片包住软体的膜，称为"外套膜"。外套膜的表层腺细胞非常敏感，一旦受到刺激就会快速分裂增殖，逐渐包围刺激源——比如开蚌时不小心卷入的沙粒，然后以沙粒为中心，分泌出一种含有碳酸钙和多种氨基酸的物质，即"珍珠质"。珍珠质一层复一层地包裹，久而久之就形成了闪亮发光的珍珠。所以，一颗天然珍珠的形成，对于蚌壳来说，可以算是一个"美丽的意外"。可是，由于天然珍珠数量稀少，质量也难以控制，所以人们打算增加这种"美丽的意外"——人工养殖珍珠。

珍珠贝喜欢在浪静水清、温暖有氧、饵料丰富的浅海沙底上栖息，而且海水盐度要适当。每年的四、五月，珍珠贝幼虫开始大量繁殖。人们利用人工鱼礁，让珍珠贝幼虫附着在上面。等到幼苗长大后，将珍珠贝取上来，进行人工植核，也就是技术人员会把人工

美丽的珍珠就是从这些贝壳中孕育出来的。

制作的较大圆珠（内核大、包裹层薄）植入蚌壳的体内，这样一来，生成的珍珠圆度较好。珍珠核有塑料的，也有石子的，将核植入珍珠贝内，再把珍珠贝放入海中，经过数月，一颗珍珠就开始孕育了。当然，收获珍珠还要耐心等待一到数年的时间。不过，这比自然生成的时间要大幅减少。

投石造礁好安家

上面提到的人工鱼礁，也就是通过投石的人工手段养殖的礁石：大型渔船上装满石头，挖掘机将大大小小的石头投到进海里，也有的是将废旧的渔船沉入海底。这是为了人为地产生上升流，能使海底的营养盐上升和扩散。之后，人们还要在石头、沉船的表面植上生长速度较快的藻类，称之为"人工造礁"。营养物质的丰富，促使附着在鱼礁上面的珍珠贝更好地生长。渐渐地，人们发现，人工鱼礁还诱集来了多种多样的鱼类定居或在洄游过程中作较长时间的索饵逗留，因此，鱼礁区常常因此发育成为优良的渔场。

全世界海洋渔获量的97%是在只占全球海洋面积7%的大陆架海域渔场捕捞的，因为这些地方大多是200米以下的浅海，阳光、氧气充足，随河流而来的浮游生物、营养盐类丰盛。而海洋中并不都像大陆架条件这般优越，于是，人们

大大小小的礁石为海洋生物营造出了舒适的家园。

想到为何不用人工造礁的方法把贫瘠荒凉的"不毛之地"变为肥美丰产的"富饶之地"呢？我国从1979年开始投放人工鱼礁，到1987年底已投放近万个。

　　不过，人工造礁其实也是需要很长时间的，一块光秃秃的石头要长成布满藻类的礁体，大概需要3年的时间；而在海底形成适宜海洋生物生活的牧场，则需要等五六年。不过，这种等待是非常值得的，因为慢慢地，藻类吸引来了各种贝类、小鱼、小虾；小鱼、小虾吸引来了更大的鱼类；同时，不同种类的鱼虾排泄物又为藻类的生长提供了均衡的营养物质……一条完整的海底食物链形成了，曾经的"不毛之地"就成了"富饶之地"了。

海洋"放牧"

　　据估计，地球上80%的生物资源在海洋中，其中动物种类18万种，是人类未来有待开发的重要食物仓库。有人计算过，在不破坏生态平衡的条件下，海洋每年可提供30亿吨水产品，能够养活300亿人口。在海洋水产品中，人们吃得最多的是鱼类。但随着人们对海产品需求量增加，海洋鱼类资源大幅减少，在这种情况下人们该怎么办呢？

这时，投石造礁的方法就不适合了，因为这些地方本来就是"富饶"的水域，人们不需要改变水环境，要做的只是提高鱼类等水生物的产量。于是，人们开始在广阔的蓝色"土地"——海洋上"放牧"了，这就是我们今天所说的海洋牧业。

我们知道，在草原上放牧要人工培养幼仔，然后放入草原生长，再收回，最后从长成的幼仔身上获益（肉或皮毛）。鱼类"放牧"也是一个道理，只不过"放牧"的场所在海洋中。首先，通过人工育苗提高幼苗的成活率，再通过人工放流幼苗——即把人工培育的鱼苗，放流到海洋里生长，借以增加资源，提高捕捞量。据统计，从1984—1990年的7年间，中国共放流对虾幼苗210多亿尾，回捕率在7%～10%之间。实际捕获量减去正常捕获量后，得出因放流而多捕的产量。多捕的尾数占放流尾数的比例叫作回捕率。以回捕率7%～10%计算，折算成投资和收益的货币，投入产出比为1：100。

同样的方法还用在经济价值较高的贝类（如鲍鱼、干贝、牡蛎等）和藻类（如海带、裙带菜、紫菜等）的养殖上。在我国的大连、山东长岛，都已建成贝苗养殖车间，并向沿海渔民供给贝苗。山东省长岛县养殖事业大力推广鲍鱼、赤贝等高档水产养殖，2011年人均国内生产总值达到超过2万美元。藻类养殖在我国沿海更为常见，我国从北到南，在近岸浅海，开辟了大面积的藻类养殖场。

中国有几百万平方千米领海、大陆架和其他管辖海域，近海水深在200米以内的大陆架不少于1.467亿公顷。据资料显示，如果生产经营得好，两公顷海面可以取得相当于1公顷良田的收获。从全国来说，由于海洋牧业的发展，人均水产品年占有量由20世纪80年代的4.6千克增加到2008年的36.86千克，超过世界平均水平的2倍。这充分显示了海洋牧业有着巨大的开发潜力和广阔前景。

善待海洋资源

> 鹦鹉螺号在海上穿过了新西兰岛和南奥克兰岛所在的纬度。艇长告诉阿龙纳斯教授他们，以前，曾有无数的海豹居住在这些陆地上，但那些美洲和英国的捕鲸人，疯狂地把成年海豹和雌性海豹斩尽杀绝，在美洲和英国捕鲸人的身后，往日生机勃勃的陆地现在已经死一般地寂静。随着人类过度开发、疯狂索取海洋资源，像陆地上的生物一样，许多海洋动物处于灭绝的边缘。

鲸油招来杀身之祸

前面我们讲到过，虎鲸为了生存，开始从陆地返回海洋，并使前肢和尾巴渐渐变成了鳍，后肢完全退化，鼻孔移动至后上方，这似乎是进化上的一种倒退，但却让它们变成了地球上最大、最优美的动物。不过，它们面临的世界并不美，人们的捕猎行为使它们"心惊胆战"。

大多数居住在寒冷气候下的哺乳动物都有着厚厚的用来保暖的毛。虎鲸没有毛，却有着厚厚的连着鲸脂的皮。鲸脂是位于皮下的脂肪层，虎鲸的脂肪层厚度约为7～10厘米，覆盖着虎鲸的大部分身体，只有脚蹼、爪子和背鳍这几部分没有脂肪。鲸脂就如同一件保暖衣，外御寒冷、内储热量。如果没有鲸脂，虎鲸是无法在冰冷的海水中生存的。虎鲸可以把鲸脂转化成能量，从而达到热身的目的。当它不能找到食物的时候，可以依靠这层脂肪生存；当食物充足的时候，脂肪层又会被重新填充以备不时之需。

然而，让虎鲸招致杀身之祸的也正是这厚厚的脂肪层，因为鲸油是重要的地球上的所有大洋中都有虎鲸生活，从冰冷的大西洋和南极地区，到热带海域。虽然虎鲸不是濒危物种，但是一些本地种群还是因为食物匮乏、各种海洋主题公园的捕捉和渔业的冲突、噪声污染、航运船只、过多的观鲸船只和栖息地丧失等等原因受到威胁。

照明和工业用油脂，可用于炼钢，制造润滑剂，氢化后可作肥皂、蜡烛等的原料。有证据表明，早在18世纪，来自英国的捕鲸船开始出现在大西洋上，船上有一种新发明的设备——砖炉，即提炼炉，有了它，捕鲸者在海上就能把宝贵的鲸脂提炼成油，并把鲸油贮存在桶里，不必把捕到的鲸拖回岸上再加工。捕鲸船有了这样的加工能力后，通常能在海上停留4年之久，然后才带着满船的货物回来。

"幽灵"渔网

时至今日，海洋仍然是地球上生物主要的营养来源。人类每年从海洋中捕捞8000多万吨鱼虾，渔业供应着地球上30亿人超过15%的蛋白质需求。过去，人口稀少，以鱼为生是正常的，但现在人口激增，对于鱼虾的需求日益增加，海底拖网等捕捞方式更是给海洋生物造成了毁灭性的伤害，江河湖泊等自然水域因此遭遇浩劫。这里本是鱼虾栖身之地，更是水鸟觅食之所，特别是作为水际交汇之处的"湿地"更是自然界生物多样性极其丰富的场所。但是过度索取加上不断的破坏，海洋生物的生存环境正在变得越来越糟。鸟吃鱼、鱼吃草……物种之间有着自身的能量流动、信息传递、物质循环等天然联系的食物链正在被打破。

一个很严重的问题是，渔民们放置或者遗弃的各种渔网、鱼篓、捕鱼器留下了"后遗症"，它们散布在世界各大海域，这些东西大多是用经久耐磨的尼龙材料制成，往往要经过几十年才会腐烂。它们像"幽灵"一般在海洋中游荡，掠夺了无数海洋生命。这其中，各种鲸类是受渔网伤害程度最严重的物种，平均每2分钟就有一只鲸因此丧命。尤其是遇到一种刺网——朝外的一面光滑，朝内的一面则有小刺，一旦鲸穿过网眼钻进网中就会被卡住而再也别想出去了。如果这种网不幸游荡到鲸类迁徙的路径上或是繁殖的海域中，后果将不堪设想。

有新闻报道说，目前，世界自然基金会正在建议捕鱼业引进新技术，比如在渔网中安装声学报警传感器，当鲸类等哺乳动物游近渔网时就立即发出警报声波，提醒前方可能出现危险，这样可以在一定程度上降低它们和渔网相撞的概率。

口腹之欲

万物需要和谐共处，共同生存在地球上，自然界的一切动植物都各有其存在的价值和意义。我们对自然生灵的态度常常是征服、利用、满足口腹之欲，但这种可有可无的口腹之欲终将影响到生态平衡。

不知从何时起，鱼翅成为人们餐桌上的一道珍馐。所谓鱼翅，指的就是鲨鱼鳍中的细丝状软骨。正是它，给有着"海洋霸主"之称的鲨鱼带来了灭顶之灾。环境专家们表示，世界上很多种类的鲨鱼都正面临着严峻的生存危机。目前已发现的鲨鱼超过500种，但只需10年的时间，渔民们就可以将鲨鱼的种类减少50%～90%。

过去，渔民们捕到鲨鱼后，往往将网砍断，把鲨鱼放回大海。但近年来，在鱼翅的高价诱惑下，很多人则会先割下鲨鱼的鱼鳍，然后再把它们抛回大海。失去了鱼鳍的鲨鱼不会马上死去，但结局依旧悲惨，因为鲨鱼的呼吸方式很特殊，它们需要依靠不停地游动使水通过腮来获取氧气，否则就只能沉入冰冷的海底，而失去了鱼鳍的鲨鱼丧失了游动的能力，最终等待它们的只有死亡，或者因窒息而痛苦地死去，或者因血腥遭来同类的厮杀。

营养学家已经指出，鱼翅其实并不含有任何人体容易缺乏或高价值的营养。吃鱼翅与其说是一种饮食习惯，还不如说是一种畸形的文化现象。越多的人把吃得起鱼翅看成是一种身份和地位的象征，鲨鱼们离灭亡的日子就越近了一步。

动物为我们提供饱暖之需、精神安慰和身心享受，可以说，动物满足着人类的生活。对此，我们应该常怀虔敬之心、感恩之情，任何虐待、杀戮动物的行为都是令人发指的。而且，从对待动物的态度，往往能衡量出一个人甚至一个民族的文明程度。

石油之殇

1989年3月24日，美国"瓦尔德斯"号油轮为避开冰山，在阿拉斯加威廉王子湾搁浅，总计约110万加仑的原油发生泄漏，覆盖海面达1300平方千米，由此引发了一场生态劫难——大约有近30万只海鸟、1000只水獭以及其他哺乳动物和鱼类因此死亡。

人们总是习惯性地认为，既然石油会给海洋生物带来致命的危害，那么，

遭到石油污染的海鸟

在进行石油开采的海域，对危险气息向来灵敏的生物一定会避而远之。然而，事实恰恰相反，那里海洋生物不仅数量众多，而且种类多样。这是为什么呢？

原来，海洋生物在生活过程中，都有因地制宜为自己创造美好"家园"的习性。因此，在石油开采设备没入水下的部分，便成了海洋生物安家的绝佳之选：靠光"吃饭"的珊瑚，紧紧地附着在上面享受充裕的阳光；为了防止被海浪卷走，许多软体动物纷纷吸附在设备的支架上；抵御能力较差的鱼类，在这里与它们的天敌玩起了捉迷藏……正因为如此，许多以鱼类为食的海鸟、水獭等海洋生物，也纷纷到这里觅食。

当石油泄漏事故发生后，巨大的灾难降临了：原油泄漏至海洋后，油膜覆盖在海面上，使海洋与大气的气体交换减弱，影响海洋植物的光合作用，对整个海洋生态形成巨大破坏。

同时，几滴原油对于海洋动物来说也是致命的打击。以海鸟为例，它们对石油泄漏高度敏感。因为它们惯用其防水的羽毛来充当"潜水衣"。油污裹住羽毛后，就会在这层屏障上形成空洞，使得冰冷的水能直接接触它们的皮肤。由于水鸟的正常体温为摄氏39到41度，所以在水中热量的丧失将会是致命的。同时，当海鸟梳理羽毛的时候，也会顺便吞下羽毛上的石油，这也将造成致命的伤害。

更加糟糕的是，如果赶到动物繁殖的季节，造成的伤害范围会更大。比如燕鸥，刚出生的小燕鸥需要鸟爸爸和鸟妈妈轮流孵化喂养，如果一只成年燕鸥受到污染不能回巢，另一只单独孵化成功的可能性几乎为零，这将给整个燕鸥种群带来难以估量的危害。

石油资源来之不易，因而，人们应该有效地开采，而不应该盲目开发，以致造成不必要的泄漏事故，这不但浪费了宝贵的石油资源，而且还毒害了海洋生物和环境。

第七章
跟随"鹦鹉螺号"窥探大海深处

寒冷、黑暗的世界

尼摩艇长邀请阿龙纳斯教授和他的仆人康塞尔到海底森林散步，他们穿上了特制的潜水服，好让他们能在海底寒冷和高压的环境下行动自如。刚开始他们还可以欣赏周围的奇妙景象，但当他们走到约150米深的地方时，阳光已经完全消失了，四周非常黑暗，"十步之外就什么也看不清了"，直到尼摩艇长打开了他的照明灯，才看清了周围的东西。

人类水下生活

除了关心如何利用海水之外，人们的最高理想是海底居住、生活。现在的人工岛、海上城市，仍然只是与海水隔绝的生活空间。而海底生活、居住则要求人与海洋真正融为一体。那么，人类要实现海底居住、生活要克服怎样的困境呢？

其实，人类海底居住的许多问题与航天有相同之处。这些问题包括呼吸问题、压力问题、失重问题。为了人类海底居住，科学家们一直没有停止过研究和试验。早年，法国的杰克·库斯托和美国海军乔治·邦德做过成功的试验。

1963年，库斯特等7人进入一个名为"海星屋"的水下居室。他们在10～30米水深的海底生活了30天，靠海面支援船供应的氦氧混合气体呼吸。"海星屋"外系留着一艘小型潜艇，供屋内人员外出工作。库斯托等人非常满意他们的水下生活，以至失去了重返海面的兴趣。不过，他们在氦氧空气中生活也遇到了困难。由于氦氧混合气体传播声音的性能与正常空气不同，他们互相讲话时，听起来很混杂，就像一群鹅在吵架。

为什么不使用正常空气呢？原来，正常空气由大约4/5的氮气和1/5的氧气组成。在水下高压中空气溶入人体组织和血液中的数量增大，这和密封加压的汽水瓶中，溶解有较多的气体道理相同。即使空气在海底高压下溶入人体达到饱和状态，人体并无不适，且可长期生活、工作。这一事实说明人类可以在高压的水下生活。

但是，当潜水员上浮时，必须非常缓慢地进行，否则溶入人体组织和血液中的空气不能顺利排出，人就会得致命的"减压病"。特别是空气中的氮气，对人体组织有麻醉作用，危害极大。为此，人们想到使用惰性气体氦或氖代替氮气，与氧气混合供海底人员呼吸。同时，在岸上或支援船上有"减压室"，潜水员出水后，进入减压室缓慢减压，使溶入人体内的空气排出，重新适应地面生活。

水下的各种实验室为人类提供了海底行动的基地。通过它们，可进行海洋生物、海洋地质、海洋水文、物理、化学等方面的现场观测，也可通过它们勘探海底石油、天然气，建造水下工程设施，以及进行水下反潜警戒监测等。

黑暗王国的"主人"

我们知道，在浅海地区，太阳光仍然是很明亮的；但随着深度增加，则逐渐黯淡，到了水深约1000米的地方，阳光已经无法进入，从此以下的海底，是一片漆黑。再加上海水每加深10米，水中压力也跟着增加一个大气压。这种种特征，使得深海世界成为一个黑暗且充满压迫的地方。

而在海洋500米到几千米深处的黑暗王国正是深水鱼类的栖身之地。海洋深处远不及浅水里那样光线充足、营养丰富、水的流动强而有力、温度和盐分的变动明显。在深海里，太阳光透不进去，没有植物或很少有植物；所以深水动物唯一的食物来源是细菌以及从上层海洋里落下来的生物尸体。由于不利的生

当阳光穿过水时，其强度会逐渐减弱。阳光中的红色和橘黄色部分被最先吸收，而蓝色可以照射得最远。在海洋和深的湖泊中，500米以下的水域是漆黑一片的。

活条件，深水动物不论在量的方面，还是在质的方面，都不及高水位的动物。但是这并不影响深海生物是黑暗王国中真正的"主人"。

至今人类的海底生存都还停留在试验阶段，也就是说人类还无法在恶劣的海底环境中生存。那么，深海鱼类是如何适应这种环境的呢？

为了适应深海底无光的环境，深水鱼类的眼睛有着独特的构造。有的鱼双眼特别大，差不多占头部的一大半，而且水晶体（晶状体）特别大，向前或向后突出。例如，深海狗母鱼类的眼睛约占整个头部的1/4 ~ 1/3；而灯笼鱼眼竟占了头部的1/2，它们的瞳孔形状也很奇特，变得又细又长，这样有助于提高它们的吸光能力；特别有趣的是三叉枪鱼幼体的眼睛，它的眼睛长在两个长长的肉柄上，像一架望远镜，从而开阔了视野；银斧狗母还生长特殊的发光器，使视网膜长久处于刺激状态，提高了对光的灵敏度，以便在黑暗的海底看得远些。不过，有些鱼的眼睛却很小，甚至退化成没有眼睛的"盲鱼"，为了弥补缺陷，这些鱼类往往长出比自己身体长数倍的须，用须来感受各种动物的呼吸和游泳时所激起的声波。通常深海鱼都具有感觉远距离声音振动的能力，从而在漆黑的深海中寻找食物或躲避敌害。

寒冷导致"钙"流失

除了黑暗的环境，深海里的水温也极少变化，其温度一年四季都在0 ~ 4摄氏度之间。因而，深海鱼类不只是眼睛发生了改变，为了适应寒冷的水温，深海鱼类的机体结构也发生了一些奇特的变化。

在海水中，由于二氧化碳较多，接近液体状态，石灰岩里不溶性的碳酸钙受水和二氧化碳的作用能转化为微溶性的碳酸氢钙，因而石灰质不断溶解。而深海处

世界上最大的潜水高手是重达50吨的抹香鲸，可以下潜到2000米以下，有能力袭击最大的无脊椎动物——巨型鱿鱼。为适应环境，抹香鲸的骨骼与肌肉组织已经发生了很大变化。它们的骨骼变得薄而有韧性，容易弯曲。外皮组织变成非常薄的层膜，能使身体内的生理组织充满水分，保持体内外压力的平衡。

水温低，溶解的碳酸氢钙很难再从海中分离出来，因而深海鱼类不易得到适当的钙，所以它们骨骼和肌肉都不发达，是多孔而具有渗透性的组织，不过，换个角度看这也是适者生存的一种表现，因为这样才能够使体内吞食食物后的张力抵抗住外边的压力。

比如，深海鱼类的腹部薄如蜡纸，却富有韧性和弹性，不易撕破，这样，即使它们吞食了比自己身体大两倍的鱼，也不会把肚皮撑破；又如模样很怪的叉齿鱼，它的胃的体积占了身体的1/3，能吞食比自己身体大三倍的动物，而且吞下的食物可以在胃里储存起来，慢慢地消化。这样，它们即使很长时间找不到食物也不会饿死。

深海鱼预报海啸

深海水土养育的鱼类只会生活在属于它们的深海区域。因而，它们能够最先感知到海底的一些微妙变化。人类也因此可以利用深海鱼类的异常行为准确地预报海底地震引发的海啸。

1932年，日本本州岛东北部发生强烈海啸前夕，在海岸附近突然发现原来生活在500米深处的鳗鱼成群地浮游到水面。1976年5月，在欧洲的阿亨泽沿岸地带，有几十只猛禽盘旋低飞，贪婪地吞食着海面上漂浮着的大片死鱼。专家们对这些死鱼进行了研究，发现这些鱼是由于震动而死亡的，这里离意大利北部发生的地震震中不远。

意大利生物学家进行深入研究后认为，地震前地层深处压力增大，这种压力能分解地下水，使水体产生一些带正电的微粒。这些微粒从地壳的裂缝中升到地面，弥散在空气中，使动物体内产生一种特殊的激素，对中枢神经起到刺激作用，使动物出现反常行为。此外，任何地震都会排出有毒的气体，或促使水温变暖，或出现底部水体"煮沸"的现象。在这种情况下，鱼类或者不幸死亡，或者本能地逃难，于是出现深水鱼一反常态，浮游在水面上的情况。

在海啸到来之前，往往会有一些深海鱼类，因受不了深海地震而引起的水温骤升而逃命，但即使这些深海鱼类逃到水面上，也是死路一条。因为，我们已经知道，深海鱼类所处的生活环境，其水温终年在0℃至4℃，在逃命过程中水温的巨变，无形中给深海鱼类以巨大的打击。此外，深海鱼类平时一直承受着海水的巨大压力，它们已习惯在海水的巨大压力下生活。如果这些深海鱼类突然到了水面上，海水的压力骤然减小，体内较多的空气争先恐后地向外涌，可能使它们的胃翻出口外，眼睛突出眼眶外，体内部分小血管胀裂，最终导致死亡。

有时人们在浅海中游玩时，看到一些怪模怪样的深海鱼类，其实它们都已经死去。但万万不可掉以轻心，这有可能说明过不了多长时间，凶神恶煞的海啸就会疯狂席卷过来。不知情的游人，完全有可能被无情的海啸吞噬掉。

海底生存挑战赛

前面讲到，在海底森林漫步中，阿龙纳斯教授一行人在潜水服的保护下，能够克服海底高压和缺氧环境，那么，生活在他们步行到达的海底以及更深的海底的生物，比如凶猛的鲨鱼、发光的章鱼，它们都是如何面对环境带来的挑战的呢，你是否有兴趣与我们共同领略一番呢？

"剑吻鲨"漂浮杀生

剑吻鲨是一种只在深海活动的食人鲨（经常在水深约250米的海底生活），凶猛异常，人们称它为"杀生之王"。它的鱼皮闪着金属的光泽，吻比凶猛残忍的虎鲨还要长、还要尖，锐利的牙齿就像一把直立的三角刀，寒光闪烁，面目狰狞，让人不寒而栗。

一般的鲨鱼都有非常发达的肌肉，行动迅速、敏捷，异常凶猛。但是剑吻鲨的肌肉却松软无力，它的身体的其他特征也表明它行动缓慢。你一定觉得这样的鲨鱼是不会对人造成威胁的，要追杀猎物也一定很成问题。可凶残成性的剑吻鲨不是吃素的，检查它们的胃，里面充满了硬骨鱼、乌贼、甲壳动物等。也许你会问，行动缓慢还能捕捉各种猎物，这是如何做到的呢？

我们知道，鲨鱼没有鱼鳔，它们是通过肝脏里的脂肪来调节浮力的，所以鲨鱼有一个特别大的肝脏。但是即便如此，鲨鱼身体的比重还是比海水大，必须要靠不停地游动才能避免沉入海底。可是剑吻鲨生来就是"魔鬼"，它们对此不屑一顾，总是懒洋洋地漂浮着，静静地停留在黑暗的海中央，因为它们有着天生的优势，它们的肝脏比一般的鲨鱼大得多，占了其体重的四分之一，这使得其身体比重接近海水，即使不游动也不容易下沉。

一旦有猎物靠近，它们通过吻内丰富的电感受器能够第一时间侦察到，其下颚会急速充气而膨胀，这使得其捕食的瞬间嘴内呈近似真空状态。在空气压力的推动下，海水和猎物会一起涌进剑吻鲨的口中，一旦猎物不幸被剑吻鲨捕捉到，试图逃脱只是一件徒劳无功的事情，因为剑吻鲨嘴中满口的利牙可快速咬碎猎物，并将猎物吞噬。

"小飞象"章鱼会发光

2009年，海洋生物学家在大西洋海底约1600米处发现了一种奇特的八足类生物——章鱼，此前在这一深度的海底很少发现章鱼，因为深海底高压的状况不适宜章鱼生存，甚至多数潜艇抵达深海底时受强压力的作用，都会像拖拉机碾过的饮料瓶一样被压扁，因此存活在如此恶劣深海环境中的章鱼是目前最珍贵稀少的章鱼种类。

这种章鱼的相貌很特殊，它长着两个大的"耳朵"和一个长"鼻子"，同时，这两个大"耳朵"也极像是一对翅膀。实际上这些突出物是章鱼的鳍，帮助它们在极深的海水中自由游动。由于其外貌酷似迪斯尼动画片中的小飞象，所以科学家将这种奇特生物命名为"小飞象"章鱼。"小飞象"章鱼身长约2米，重约6千克，是迄今为止发现的软体动物家族中体型最大的成员。

"小飞象"章鱼

"小飞象"章鱼不但机智而且也很灵巧，当它们遇到敌害时，能利用自己身体肌肉进行的水流喷射产生的反作用力来前进，速度能达到每小时40千米。但经过研究，人们没有发现"小飞象"章鱼腕足上有与普通章鱼相同的吸盘，取而代之的是一种耀眼的发光器官。而这种发光器官可以算是"小飞象"章鱼在黑暗海底生活的秘密武器。

它们巧妙地利用这种发光器官来引诱捕食物或吓退入侵者。"小飞象"章鱼以某些小型甲壳类动物为食，这些甲壳类动物常常是被"小飞象"章鱼的光线吸引而来。一旦发现猎物靠近，"小飞象"章鱼就会立即抓住它，并通过身体所产生的一种黏液网困住对方。美国科学家还观测到，当"小飞象"章鱼被打扰时，它们会张开自己的腕足，尽可能地展露出所有的发光器官，试图吓唬不速之客，使它们尽快离开。

"小飞象"章鱼耀眼的发光器官是如何放光的呢？生物学家认为，发光器官主要靠两种物质产生光，一种是荧光素，另一种是荧光酶。当荧光素被一定波长的光激发时就会产生光，而荧光酶则是一种催化剂，它能帮助荧光素与氧结合产生氧化反应，同时产生光。深海动物发出的光是一种不发热的"冷光"，由于发光动物含有的荧光素和荧光酶不同，因此发出的光的颜色也不同，主要有橙、红、黄、绿、蓝、紫、白等颜色。

蝰鱼发光器作诱饵

人类对深海鱼类知之甚少，生活在深达1000～2000米的海洋深处的蝰鱼更是十分罕见。蝰鱼并不大，体长20～36厘米，体重约1千克，通体墨绿色，具有金属光泽。可是初识蝰鱼就会给人一种面目狰狞、不寒而栗的第一印象，这是为什么呢？原来，蝰鱼巨大的黑眼睛闪着寒光，满嘴尖利的獠牙非常大，以至于其嘴部无法装配其他牙齿，因此牙齿暴露在外面，看上去很像凶残无比的蝰蛇，因此才给人留下了很恐怖的第一印象，也因此得名蝰鱼（由一种毒蛇——

蝰蛇而来）。另外，人们也叫它们"毒蛇鱼"。

在深海黑暗的环境中，人们之所以能够看清蝰鱼的"真面目"，也是多亏了它们自己"点的灯"。蝰鱼有一个延长的背骨，顶端有一个发光器，因此它们

蝰鱼

常常一动不动地停在水中，在头顶不断晃动，其实这个发光器是用来作为诱饵的，它们静悄悄地看着猎物朝着发光的诱饵游来（黑暗的海底，很多鱼类都具有向光性），伺机捕食，填饱它们的肚子。

蝰鱼是肉食性鱼类，食物包括各种中小型鱼类和甲壳类，它们被称作"毒蛇鱼"，但它们并不是真的有毒，只是因为其嘴部构造和捕猎方式和毒蛇很相似。蝰鱼嘴不大，但是它们上下颌能张开到90°以上，也就是它们嘴正常大小的两倍，所以可以吞下与自己同等大小的猎物。当它们张开贪得无厌的大嘴时，有着似乎要捕杀一切生灵的架势。蝰鱼的胃容量很大，对于多出来的猎物它们也是坚决不浪费，一并吞食下去放到胃里先储存起来。它们游动时速度很快，能够飞速地冲向猎物，用像毒蛇一样长而暴出的牙齿牢牢地将其咬住，牙齿像钉子一样深深地插入猎物身体，加之蝰鱼的牙齿向后弯曲，所以猎物一旦被咬住几乎没有逃脱的可能性。

此外，它们身体侧面也有发光器，不过不同的是，这些发光器则不是起诱饵作用，而是用于交配时发信号，以吸引其他的蝰鱼。

长胡子的鱼

长胡子的动物很多，像山羊、猫、狗、虎、豹等，不管是雄还是雌，都有胡子。可你知道吗？鱼类中，也有许多长着胡子。

鱼的胡子多半长在口部，也有些长在喉部或腮部，长短粗细各不相同。石首鱼的胡子长在下颌，齐刷刷，短短的，像是一把刷子；胡子鲶的胡子挺短，长在口周围，像是一丛草；羊鱼的胡子长在下巴上，很像山羊的胡子；大口鱼的胡子花样最多，有的像树杈，有的像鞭子，比它的身体还要长。

鱼为什么要长胡子呢？原来胡子是它们一种极为重要的触觉器官。那些视力差或生活在深海底的鱼，只靠眼睛来看清周围环境、捕食和发现敌害是很不够的。而它们的胡子，就像触角，四方探索，可以将收集的信息迅速地传递到脑子，让它及时地作出反应。如吻下有胡子的鱼，它们紧贴着水底游动，胡子就可以探索出藏在泥中的食物；如长有长鞭似胡子的鱼，它只要把胡子甩上一圈，周围的环境就一清二楚了。

深海生物的禁区

黑海，是欧亚大陆的一个内海，周围群山环绕，如著名的高加索山脉正位于其东北面。高耸的群山形成天然的屏障，将大量的空气"拦截"在黑海水域上空，使得这里常年天气阴霾、多雨。而在烟雾的笼罩下，这里的海水看起来显得有些阴沉，远没有阳光明媚的"邻居"——地中海那样湛蓝。因此，最早的古希腊航海家，把这片对比之下较为深黑的海域，称为"黑海"。

据科学家观测，黑海200米以下的水域，几乎没有任何生物，就算将一些深海生物强行"迁移"到这里，不出两分钟这些生物便会自行死去，令人不寒而栗。那么，黑海为什么会出现这么恐怖的死亡区呢？

原来，这里的海底秘密进行着耗氧活动。黑海沿岸汇聚了大量"重量级"

从燕窝塔上鸟瞰黑海

黑海200米以下水域几乎没有任何生命迹象。

河流,如欧洲第二长河多瑙河和第三长河第聂伯河。这些河流携带着大量淡水汇入黑海,使表层海水含盐量不断降低,形成了密度较低的表层水;而在深层水域,地中海高盐度的海水通过土耳其海峡流入黑海,形成了密度较高的深层水。于是,低密度的海水便稳定地浮在高密度的海水之上,使上、下层海水之间的循环、对流受阻,因而使深层海水严重缺氧。接着,使得水中的厌氧细菌十分活跃,不断分解海底的有机物,如动植物尸体。分解过程又会进一步消耗深层水中的氧气,而且还会释放出大量的有毒气体——硫化氢,而这些气体同样也不能通过水体交换向外扩散。因此,一旦有生物进入深层水域,就算不会缺氧而死,最后也会中毒而亡,所以适应黑暗、寒冷环境的海底生物,无法在这里生存,也就不足为奇了。

海底世界并不平静

当尼摩艇长带领阿龙纳斯教授观看当年的大西洋城时，教授在海底的山峰上看到了"一个大火山口喷出急流般的岩熔，在海水中散落作火瀑布"。水下的火山之所以喷出来的是熔浆，而不是火焰，是因为火焰燃烧需要空气中的氧气，而在水里火焰是不可能燃烧起来的。这些快速的流体夹杂着各种混合气体，随熔浆流直奔山脚下。跟着教授他们的脚步，我们也明白海底从不是风平浪静的。

洋底"黑烟囱"

在水下几千米的大洋中脊上，耸立着许多不断往外冒着黑烟的"烟囱"。它的高度一般为2～5米，呈上细下粗的圆筒状。从"烟囱"口冒出与周围海水不一样的液体，这里的温度高达350℃。你可知道，这些海底"黑烟囱"就是海底温泉。

我们要揭秘海底黑烟囱是如何形成的，目光还得重新回到大洋中脊上。在地心引力的作用下，海水沿着大洋中脊上的缝隙向地壳内部渗透，一直渗入到地幔层附近。要知道，地幔层的岩浆温度至少有900℃，当冰冷的海水靠近这一区域时，会立即加热几百倍，同时将岩层中的多种矿物质溶解，进而形成一股富含矿物质（含有丰富的铜、铁、硫、锌，还有少量的铅、银、金、钴等金属）的热泉，从洋底缝隙中喷射出去。这种现象就好比烧开水，当水温达到100℃时，水蒸气就会从壶嘴中喷出。

然而有一点不同，那就是在深海高压的环境下，高温液体是无法形成蒸

海底黑烟囱示意图

　　海底烟囱冒出来的炽热溶液，含有丰富的铜、铁、硫、锌，还有少量的铅、银、金、钴等金属和其他一些微量元素。一个烟囱从开始喷发，到最终"死亡"，在短短几十年的时间里，可以造矿近百吨。

汽的。在"烟囱"区附近，水温常年在30℃以上，而一般洋底的水温只有4℃，所以，当这些热液与4℃的海水混合后，温度急剧下降，其中所富含的矿物质便立刻凝结成大量黑色的细微颗粒（金属硫化物的微粒），使得原本无色的热泉看上去好像被"黑烟"笼罩一样。与此同时，热泉源源不断地往上冒，周围的黑烟被水流冲散，然后慢慢沉淀在喷射口附近。天长日久，喷射口周围的"黑烟"越积越厚、越堆越高，逐渐形成了中空的圆形，这才有了洋底"黑烟囱"的奇特景象。

最短时间造矿

　　科学家们发现，这些黑色的"烟柱"其实是在忙忙碌碌地"造矿"，它们往上跑不了多高，就像天女散花从烟柱顶端四散落下，沉积在烟囱的周围，形成了含量很高的矿物堆。人们过去知道的天然成矿历史，是以百万年来计算的。现在开采的石油、煤、铁等矿，都是经历了若干万年后才形成的。而在深海底的温泉中，通过黑烟囱的化学作用来造矿，大大地缩短了成矿的时间。一个黑烟囱从开始喷发，到最终"死亡"，一般只要十几年到几十年。在短短几十年的时间里，一个黑烟囱，可累积造矿近百吨。而且这种矿，基本没有土、石等杂质，都是些含量很高的各种金属的化合物，稍加分解处理，就可以利用。

　　海底温泉能在短时间内，生成人们所需要的宝贵矿物。这种海底温泉多在海洋地壳扩张的中心区，即在大洋中脊及其断裂谷中。仅在东太平洋海隆一个长6千米、宽0.5千米的断裂谷地，就发现十多个温泉口。在大西洋、印度洋和红海都发现了这样的海底温泉。初步估算，这些海底温泉，每年注入海洋的热水，相当于世界河流水量的三分之一。它抛在海底的矿物，每年达十几万吨。在陆地矿产接近枯竭的时候，这一新发现的价值之重大，就不言而喻了。

新奇的生物"乐园"

正所谓"物竞天择，适者生存"，海底生物有着"奇特"的生存模式。也许你会问，在如此高温的大洋底——海底温泉口周围，有活着的生物吗？科学家惊奇地发现，这里不仅有生物，而且形成了一个新奇的生物"乐园"：有血红色的管状蠕虫，像一根根黄色塑料管，最长的达3米，横七竖八地排列着，它用血红色肉芽般的触手，捕捉、滤食水中的食物。这些管状蠕虫既无口，也无肛门，更无肠道，就靠一根管子在海底蠕动生活。但它的体内有血红蛋白，触手中充满血液；有大得出奇的蟹，没有眼睛，却能四处爬行；又大又肥的蛤，体内竟有红色的血液，它们长得很快，一般有碗口大；还有一种状如蒲公英花的生物，常常几十个连在一起，有的负责捕食，有的管着消化，各有分工，忙而不

黑烟囱周围群聚着红色的管状蠕虫。

乱。

这里处在水下几千米的海底，没有阳光，不能进行光合作用，因而没有海藻类植物，这里的动物靠什么生活呢？科学家们研究发现：这里水中的营养盐极为丰富，是一般海底的300倍，比生物丰富的水域还高3—4倍。这是怎么形成的呢？原来，这里的海洋细菌，靠吞食温泉中丰富的硫化物迅速地蔓延滋生，然后，海洋细菌又成了蠕虫、虾蟹与蛤的美味。在这个特殊的深海环境里，孕育出一个黑暗、高压下生存的生物群落。看来，"万物生长靠太阳"的说法，在这里似乎有点不适用了。

激流吞噬万物

在海洋激流发现之前，人们一致认为除黑潮和墨西哥湾暖流有强大流速外，大洋深水层及海底处于缓慢运动或静止状态，因此对许多海难事件，如核潜艇、潜水员神秘失踪等现象都难以解释。

直到人们确定大海中确实存在一种流速特别大、持续时间短暂、空间范围狭小、具有很大随机性和突发性的海洋激流。它像一场大风暴，其流速可达每秒3.18米（相当于地面强风，大树枝摆动，电线呼呼有声，举伞困难，海面大浪），持续时间一般20分钟~30分钟，厚度不足10米，水平厚度100米之内，能够急速地挟卷着海底的沉积物奔腾而去。

海洋激流的发现，解开了许多突发的沉船事故之谜。想象一下，假如一条承载着车辆运行的正常公路一旦被掏空，路面以下路基必然在压力之下突然塌陷，如同陷阱，人和车会一起掉进去。"海底激流"后果就是这样。潮流在特殊条件下幅合，海水不断堆积，水位得到升高，势能便增强，海洋底部承受不住上层水的重压，海洋底部的薄弱部位必然被"突开"，瞬间里大量海水流失，海水堆积区域则形成负压，产生吞噬万物的陷阱。而当船只刚好航行至此，陷阱面积如果足够大，船只便失去浮力掉入陷阱向海底沉去。虽然"海底激流"在我国近海并不少见，但由于水浅、激流发生面积可能不会大、陷阱也不会大。可在深海和大洋区，若发生海地激流，船又恰巧航行至此，其危险就可想而知了。

同时，人们还发现海洋激流不仅可达海底，也能直抵岸边。今天货流滚滚的海港码头，沟通世界的海底光缆，提供能源的海洋钻井平台，连接海湾两岸、大陆与海岛间的跨海大桥、海底隧道……这些五花八门的工程设施，既是一个独立的海洋产业，又与其他海洋产业的发展有着密不可分的联系。可以说，海洋工程建筑业是海洋经济发展的基础产业。

因为，海洋渔业需要海水养殖、大型人工渔礁等海洋工程建筑；海洋船舶的建造首先需要船台、船坞等工程设施；海洋交通运输业的发展又与港

在这个特殊的深海环境里，孕育出一个黑暗、高压下生存的生物群落。在"烟囱"的喷口周围，形成一个新奇的生物乐园，这里的海洋细菌，靠吞食热泉中丰富的硫化物而大量迅速地蔓延滋生，然后，海洋细菌又成了蠕虫、虾、蟹与蛤的美味。

口、码头、航道等海洋工程密切相关；在海洋油气业、海水综合利用业等其他海洋产业发展中，海洋工程建筑业也都具有举足轻重的作用。

人们发现海洋激流对堤坝、水产养殖、海上工程设施、海底管线铺设及水中作业等，都会带来难以预料的损害。随着人们对海洋工程建筑的依赖性逐渐增加，海洋激流的破坏性给人们带来了很大的隐忧。

不过，海底激流的发现却帮人们解决了一个长期争执不下的难题，即关于日益增多的化学和放射性废场处理问题。国际上一直存在两种截然相反的意见，一种认为大洋深处是个静止的世界，是倾倒有害垃圾的理想场所，另一种认为，大洋深处并不平静，不能当垃圾场。当然，海洋激流被确认之后，这场争执也可宣告结束了。

千奇百怪的海底生物

鹦鹉螺号在印度洋上行驶的几天里，阿龙纳斯教授不但观察了大量的水鸟、蹼足类动物和海鸥，还用渔网捕捉了许多鱼类和海龟，"这些海龟中有几只被捉住时，还缩在龟壳里睡觉呢，它这一招还可以抵御海里动物的袭击"，当然，我们也不得不承认，动物咬不动也是龟活得久的原因之一。那么，除了龟这种常见的海洋动物外，还有哪些千奇百怪的海洋动物呢？

哭丧着脸的水滴鱼

水滴鱼长着一副哭丧脸，被称为"全世界表情最忧伤"的鱼。英国《每日邮报》公布了一张海底奇特鱼类之水滴鱼的照片。照片中，水滴鱼摆出一副闷闷不乐的表情。这种海底怪鱼确实有理由郁闷：科学家警告称，由于深海捕捞作业，水滴鱼正遭受着灭绝的威胁。

水滴鱼身体呈凝胶状，可长到约30.5厘米，生活在澳大利亚东南部最深达800米的海底，它们生活的地方，水的压力比海平面要高出数十倍，在这种环境下，鱼鳔很难有效的工作。水滴鱼浑身密度比水略小，这使得它不必花力气就能轻松地从海底浮起。它们实际上没有肌肉，它们大部分的时间都漂浮在同一个地方等待从面前漂过的海胆与软体动物，它们是很少或者说几乎没有努力发挥狩猎能力的动物，它们的座右铭是："如果饭不来找我，我就挨到下一顿饭。"因此它们被打上了"懒"的烙印。

雌性的水滴鱼一次性产卵的数目数以千计，它们孵卵的方式与众不同——

它们不像许多鱼一样待在卵的旁边，而是把卵产到海底后便趴在鱼卵上一动不动，直到幼鱼孵出为止。水滴鱼筑窝的习惯也十分有趣，它们通常找到一群水滴鱼的窝，然后和一个雌鱼的窝连在一起，或者是建在雌鱼的旁边。科学家现在还不能确定它的这种行为是出于战略性考虑还是由于它们懒惰的天性。

水滴鱼

由于很难达到这种鱼的栖息地，所以水滴鱼极少被人类所发现，而且水滴鱼本身不适于食用，所以按理说它们应该高枕无忧地过属于它们的懒惰生活才对，但是水滴鱼与蟹和龙虾处于一样的海洋深度，随着捕捞量的大肆增加，水滴鱼被同其他鱼类一起捕捞上来，连带着成了附属牺牲品。

庞贝蠕虫烫不死

我们知道，高等生命对环境都相当挑剔，但细菌可以在比我们能想象到得更加恶劣的环境中生存。有谁听说过除某些细菌以外还有哪种生物能耐百摄氏度的高温？可近来科学家惊讶地发现，地球上还真有这样的生物存在！它们就是庞贝蠕虫。

几乎所有的真核生物（真核生物包括所有动物、植物、真菌）都无法忍受60℃以上的温度，唯一的例外是毛茸茸的庞贝蠕虫，它们能够耐高达80℃的水温，甚至能够在176℃的沸水中进行繁衍。

在东太平洋海底地壳活动带上有许多的海底热泉。有些热泉在冒出地面时会在出口处形成烟囱似的石柱。从"石头烟囱"里冒出来的热液，温度常能超过百摄氏度。庞贝蠕虫就生活在这种沸水环境里。它们用分泌物在"石头烟囱"的岩基上堆起一条细长的管子，就像珊瑚虫一样，身体就蛰居在里面。生物学家们通过水下仪器及电视观测到，这些蠕虫有时会爬出来在四周游荡。经测量，那里的中心水温高达105℃，但专家们仍不敢相信，像蠕虫这样的高级生物，竟能生活在如此的高温环境之中。

于是专家们猜测庞贝蠕虫有一种特殊的隔热本领，就像消防服和宇航服那样能保护身体免受高温或真空环境的伤害。可是研究表明，庞贝蠕虫并没有这样的天然防护机能。于是他们又猜想，或许"石头烟囱"周围的温度并没有那么高，就像冬季烤火，离铁皮烟囱稍远一点，就不会感到太明显的热度一样。

直到1995年，美国生物学家利用深海潜水器下潜到海底，仔细查看了3根冒着热液的"石头烟囱"，外壁上密密麻麻地长满了庞贝蠕虫的白色石管，它们的尾部附着在"石头烟囱"上，观察人员用一根特制的温度计测量了温度，结果证实温度值在80至100度，这一结果推翻了生物专家们的猜测，并证明了庞贝蠕虫是目前世界所知最耐烫的动物。

那么庞贝蠕虫以什么为食呢？原来它与珊瑚虫一样，是一种共栖动物，与它"相依为命"的还有一种丝状细菌，它们依存在庞贝蠕虫的背部，庞贝蠕虫能分泌出一种黏液，它身上的细菌就是以这种黏液为生的。所谓"世上没有免费的宴席"，既然细菌吃了它分泌的黏液，那一定也会给它带来好处，生物学家们认为细菌对庞贝蠕虫起到了一种保护层的作用。

庞贝蠕虫

细菌"清洁工"

细菌遍布于地球的各个角落。从地球形成之初至今，仍有半数以上的细菌生活在海洋里——从南北极的冰下到万米深的海沟底部，处处皆有。

细菌是海洋微生物中最重要的成员，每毫升近岸海水中一般可分离出10个左右细菌菌落。为了适应海洋环境，它们逐步演化出吞食垃圾、消化石油等众多奇异的特性，并在海洋生态系统中发挥着举足轻重的作用。

1993年1月5日清晨，英国设得兰群岛的海面上狂风大作，波涛汹涌。满载8.4万吨原油的"布莱尔"号油轮被海浪拍打得左右摇摆，不幸触礁。乌黑的原油源源不断地从窟窿中渗出，造成了极为严重的石油污染。与此同时，狂风巨浪也使得清污工作举步维艰。几天之后，当风暴停息下来的时候，人们却惊奇地发现，油污已经被清除得差不多了。

经过查证，科学家指出，油污原来是被细菌"吃掉了"。由于人类不断地污染海洋，使得海洋生物深受其害，它们为了生存，不得不练就一身"清洁"的本领。在这种特殊海洋细菌的体内，遗传物质脱氧核糖核酸能产生一种分解石油的催化酶。更为神奇的是，脱氧核糖核酸存在于细胞质内的质体上，而在一定条件下，质体可以在相互接触的细菌间转移。科学家们因此受到启发，尝试着利用细菌来"制造"石油。他们建造一个人工湖，并把细菌"放养"到水里，只需要在水里溶解足够的二氧化碳以供细菌食用。没过多久，这种细菌便成千上万倍地疯狂繁殖。最后，科学家们用过滤器将培养出来的细菌收集起来，送到专门的工厂，"炼"出石油来。

黏液菌"建筑大师"

同样具有超凡本领的还有黏液菌，2000年，几位日本科学家在《自然》上发表了关于"黏液菌走迷宫"现象的论文，并因此获得"搞笑诺贝尔认知

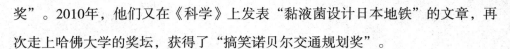

奖"。2010年，他们又在《科学》上发表"黏液菌设计日本地铁"的文章，再次走上哈佛大学的奖坛，获得了"搞笑诺贝尔交通规划奖"。

黏液菌其实是海洋中一种常见的黄色单细胞微生物，它长有无数管状的"伪足"，在遇到大量分散的食物时，便会将"伪足"从四面八方伸展开，最后将食物包围起来，并吸收掉。科学家曾做过一个有趣的实验：将黏液菌放置在迷宫中，迷宫有四条通道，每个通道的尽头都放着食物。一开始，黏液菌伸出"伪足"，像铺开一张大网一样，在迷宫里四处试探；8个小时之后，它开始重新布局：收起了大部分"伪足"，只在距离食物最短的通路上继续伸展。26个小时之后，它终于成功地建立了一个相互连接的营养输送管道网。这时，科学家们惊讶地发现：黏液菌建立的网络通道竟然与东京环城铁路系统有着惊人的相似，在个别连接处甚至显得更为便捷有效！黏液菌竟然是"建筑大师"，真是让人惊喜！